全国测绘地理信息职业教育教学指导委员会
“十二五”工学结合规划教材

地理信息系统技术应用实训指导书

Training Guide for Geographic Information System Technology Application

张东明　吕翠华　聂俊堂　李东升　编著

测绘出版社
·北京·

内容简介

本书为全国测绘地理信息职业教育教学指导委员会组织编写的“十二五”工学结合规划教材，是《地理信息系统技术应用》的实践操作配套教材。本书以地理空间数据的采集、编辑、处理、建库、空间分析、制图等实际操作为线，组织教材内容，实践项目的选取源于真实的工程案例，与生产实际相结合，基于 ArcGIS10.0 讲述具体操作流程和成果表现形式。全书由七个项目组成，内容包括认识 ArcGIS、土地利用数据采集、土地利用数据入库、空间分析、空间数据处理、耕地坡度分级统计、专题地图制作。

本书主要供高职高专院校地理信息系统与地图制图等测绘类专业的实践教学使用，也可作为测绘工程、地理信息工程技术人员和计算机技术人员的参考书。

图书在版编目(CIP)数据

地理信息系统技术应用实训指导书/张东明等编著. —北京：测绘出版社，2014.12
ISBN 978-7-5030-3621-7

Ⅰ.①地… Ⅱ.①张… Ⅲ.①地理信息系统—高等职业教育—教学参考资料 Ⅳ.①P208

中国版本图书馆 CIP 数据核字(2014)第 294604 号

责任编辑 吴芸　**见习编辑** 袁丽华　**封面设计** 李伟　**责任校对** 董玉珍　**责任印制** 喻迅

出版发行	测绘出版社	**电　话**	010－83543956(发行部)
地　址	北京市西城区三里河路 50 号		010－68531609(门市部)
邮政编码	100045		010－68531363(编辑部)
电子信箱	smp@sinomaps.com	**网　址**	www.chinasmp.com
印　刷	三河市世纪兴源印刷有限公司	**经　销**	新华书店
成品规格	184mm×260mm		
印　张	10	**字　数**	248 千字
版　次	2014 年 12 月第 1 版	**印　次**	2014 年 12 月第 1 次印刷
印　数	0001－2000	**定　价**	22.00 元

书　号 ISBN 978-7-5030-3621-7/P・786
本书如有印装质量问题，请与我社联系调换。

全国测绘地理信息职业教育教学指导委员会
“十二五”工学结合规划教材

编委会名单

主任委员：

李赤一　国家测绘地理信息局

副主任委员：

赵文亮　昆明冶金高等专科学校

吴秦杰　测绘出版社

委　员：（按姓氏笔画排序）

丁莉东　江苏省南京工程高等职业学校

牛志宏　长江工程职业技术学院

纪　勇　黄河水利职业技术学院

李国建　测绘出版社

李聚方　黄河水利职业技术学院

张东明　昆明冶金高等专科学校

陈传胜　江西应用职业技术学院

周建郑　黄河水利职业技术学院

聂俊兵　石家庄职业技术学院

彭志良　江西应用职业技术学院

前　言

为了更好地配合高等职业教育测绘类专业的教学改革，开展工学结合教学资源的开发，为高职高专测绘类专业高端技能型人才培养提供优质教材支持，提高测绘类专业人才培养质量，全国测绘地理信息职业教育教学指导委员会组织编写了“十二五”工学结合规划教材，本书是其中之一。

为适应地理信息产业对人才培养的需求，在教育部2012年印发的《高等职业学校专业教学标准（试行）》中，高职测绘地理信息类所有专业均把地理信息系统作为一门必修的专业能力培养课程或专业拓展能力培养课程进行开设。

本书是《地理信息系统技术应用》的实践操作配套教材，在对理论课程的知识点进行验证的基础上，培养学生的地理信息系统操作和实际工作的实践应用能力，为学习后续专业课程以及从事地理信息与地图制图工作打下坚实基础。在该书的编写中，主要体现以下特色：

（1）按实际项目组织教材内容，根据具体的项目特点与技术要求，分解成若干单项任务，提供了具体操作的要求与实施步骤，便于教学的组织与学生的自主学习。

（2）以地理空间数据的采集、编辑、处理、建库、空间分析、制图等实际操作为线，着力培养学生的数据生产能力，同时为学生的课后实践操作提供技术参考。

（3）实践项目的选取源于真实的工程案例，在完成课内实践教学的同时，能与生产实际相结合，学生在学习课程期间掌握地理信息工程的技术要求、技术流程，使学生具备一定的地理信息数据生产与分析的能力。

本书的案例数据可在测绘出版社网站（http://www.chinasmp.com）的下载中心栏目或“地理信息系统技术应用精品资源共享课”（http://www.icourses.cn/coursestatic/course_4972.html）中下载。

本书由昆明冶金高等专科学校的张东明、吕翠华、聂俊堂、李东升共同编著。本书的编写得到了国家级精品资源共享课——地理信息系统技术应用课程组的鼎力帮助，以及全国测绘地理信息职业教育教学指导委员会和测绘出版社的大力支持，在此表示衷心的感谢！

由于地理信息系统技术的不断发展和更新，作者水平有限和时间仓促，书中错误在所难免，希望读者不吝指正。

2014年11月

目　录

项目一　认识 ArcGIS

[项目概述]

本项目首先介绍国内外常用的地理信息系统(geographic information system,GIS)软件,包括 ArcGIS、MapInfo 和 Intergraph 等国外 GIS 软件,MapGIS、GeoStar、SuperMap 等国产 GIS 软件。重点学习 ArcGIS Desktop 10 中 ArcMap、ArcCatalog、ArcToolbox 三大模块的基本操作。

[学习目标]

了解目前常用 GIS 软件的体系结构、功能特点及应用,熟悉 ArcGIS Desktop 10 中 ArcMap、ArcCatalog、ArcToolbox 模块的工作界面、基本操作及功能特点,为后续的项目学习奠定基础。

知识准备　常用 GIS 软件平台介绍

一、国外 GIS 软件

(一)ArcGIS

ArcGIS 是美国环境系统研究所(Environment System Research Institute,ESRI)开发的 GIS 软件,是世界上应用广泛的 GIS 软件之一,包含桌面软件 Desktop、嵌入式 GIS、服务器端 GIS 和移动 GIS 等一系列基础框架,体系结构如图 1-1 所示。

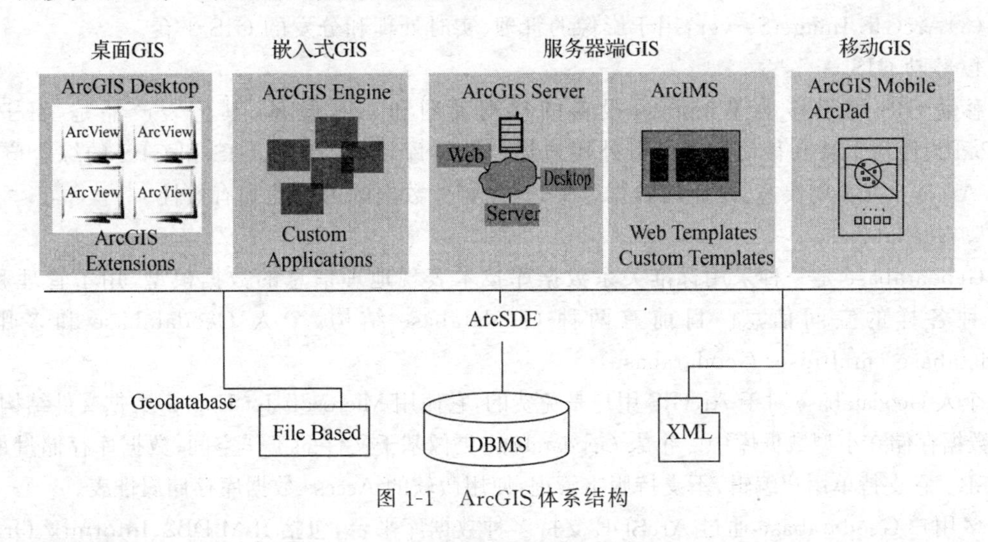

图 1-1　ArcGIS 体系结构

1. ArcGIS Desktop

ArcGIS Desktop 是一个集成了众多高级 GIS 应用的软件套件,它包含了诸如 ArcMap、ArcCatalog、ArcToobox 以及 ArcGlobe 等在内的用户界面组件,其功能可分为三个级别:

ArcView、ArcEditor 和 ArcInfo，而 ArcReader 则是一个免费地图浏览器组件。其中，ArcView、ArcEdior、ArcInfo 是三级不同的桌面软件系统，共用通用的结构、通用的编码基础、通用的扩展模块和统一的开发环境，功能由简单到复杂。

(1)ArcReader：免费的地图浏览器，可以浏览、打印地图，并能进行查询和搜索操作。

(2)ArcView：提供了丰富的制图、数据应用和分析能力，也可以使用 ArcView 进行简单的数据编辑和地理处理。

(3)ArcEditor：除了全部 ArcView 功能外，还包含了高级的 Shapefile 和 Geodatabase 的编辑能力。

(4)ArcInfo：是一个完整功能的 GIS 桌面产品。在 ArcEditor 基础上，ArcInfo 还提供了复杂的地理处理功能，并且包含了原有的 WorkStation 版本。

2. ArcGIS Engine

ArcGIS Engine 是一套完备的嵌入式 GIS 组件库和工具库，使用 ArcGIS Engine 开发的 GIS 应用程序可以脱离 ArcGIS Desktop 运行。ArcGIS Engine 面向的用户并不是最终使用者，而是 GIS 项目程序开发员。通过 ArcGIS Engine，开发者在 C++、COM、.NET 和 Java 环境中使用简单的接口获取任意 GIS 功能的组合，以构建专门的 GIS 应用解决方案。

3. 服务器端 GIS

服务器端 GIS 用于地理信息集中部署和集中处理的计算机环境，包括 ArcGIS Server、ArcIMS 和 ArcGIS Image Server。GIS 软件可以集中在应用服务器端，通过网络向用户提供 GIS 功能。企业级的 GIS 用户可以通过传统的桌面 GIS 应用程序连接 GIS 服务器，也可以只使用浏览器、移动终端来访问。

(1)ArcGIS Server：用于构建集中管理、支持多用户的企业级 GIS 应用平台。ArcGIS Server 提供了丰富的 GIS 功能，例如地图、定位器和用在中央服务器应用中的软件对象。

(2)ArcIMS：可伸缩的互联网地图服务器，实现了互联网地理数据发布功能。

(3)ArcGIS Image Server：用于影像的管理、实时处理和分发的 GIS 平台。

4. 移动 GIS

移动 GIS 用于移动 Windows 设备的移动制图和 GIS 技术，其代表产品是 ArcPad。ArcPad 为使用手持和移动设备的野外用户提供数据库访问、制图、GIS 和 GPS 的综合应用，通过 ArcPad 可实现快速、便捷的数据采集，提高野外数据的可用性和有效性。

5. Geodatabase

Geodatabase 是一种采用标准关系数据库技术表现地理信息的数据模型，用于管理和存储各种各样的空间信息。目前有两种 Geodatabase 结构：个人 Geodatabase 和多用户 Geodatabase (multiuser Geodatabase)。

个人 Geodatabase 对于 ArcGIS 用户是免费的，它使用 Microsoft Jet Engine 数据文件结构，将 GIS 数据存储在小型数据库中。个人 Geodatabase 更像基于文件的工作空间，数据库存储量最大为 2GB。它支持单用户编辑，不支持版本管理，使用微软的 Access 数据库存储属性表。

多用户 Geodatabase 通过 ArcSDE 支持多种数据库平台，包括 IBM DB2、Informix、Oracle (有或没有 Oracle Spatial 均可)和 SQL Server。多用户 Geodatabase 使用范围很广，主要用于工作组、部门和企业，它支持海量、连续的 GIS 数据库，支持多用户的并发访问，以及长事务和版本管理的工作流。

(二)MapInfo

MapInfo 是美国 MapInfo 公司推出的地理信息系统软件,该软件自 20 世纪 90 年代进入中国以来,已经在测绘、水利、林业、军队、公安等行业和部门广泛应用。包含 MapInfo Professional、MapBasic、MapInfo ProServer、MapInfo MapXtrem、MapInfo MapX、SpatialWare、Vertical Mapper 等,介绍如下。

(1)MapInfo Professional 是 MapInfo 公司主要的软件产品,它支持多种本地或远程数据库,较好地实现了数据可视化,生成各种专题地图。此外还能够进行一些空间查询和空间分析运算,如缓冲区等,并通过动态图层支持 GPS 数据。界面如图 1-2 所示。

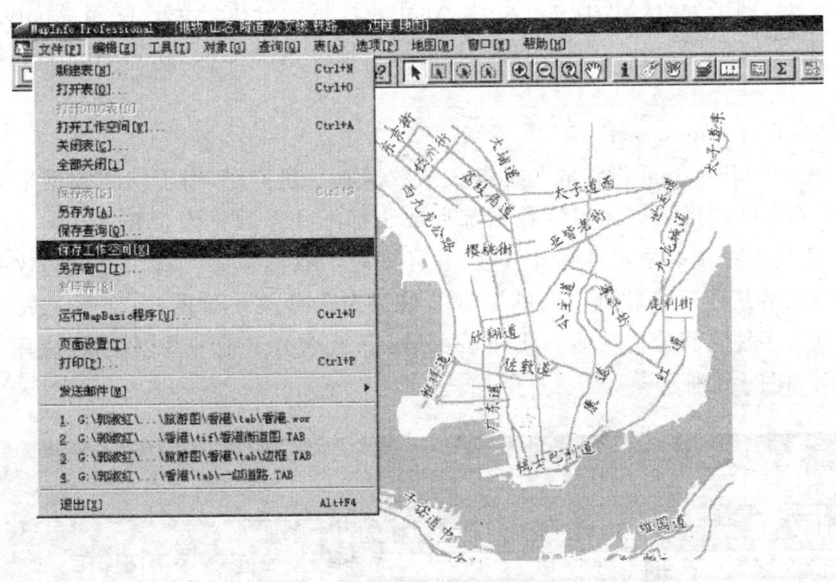

图 1-2　MapInfo Professional 界面

(2)MapBasic 是为在 MapInfo 平台上开发用户定制程序的编程语言,它使用与 Basic 语言一致的函数和语句,便于用户掌握。通过 MapBasic 进行二次开发,能够扩展 MapInfo 功能,并与其他应用系统集成。

(3)MapInfo ProServer 是应用于网络环境下的地图应用服务器,它使得 MapInfo Professional 运行于服务器端,并能够响应用户的操作请求;而客户端可以使用任何标准的 Web 浏览器。在服务器上可以运行多个 MapInfo Professional 实例,以满足用户的服务请求,从而节省了投资。

(4)MapInfo MapX 是 MapInfo 提供的 OCX 控件。

(5)MapInfo MapXtrem 是基于互联网和企业 Intranet/Extranet 的地图应用服务器,它可以用于帮助配置企业的地图服务应用。

(6)SpatialWare 是在对象—关系数据库环境下基于 SQL 进行空间查询和分析的空间信息管理系统,在 SpatialWare 中,支持简单的空间对象,从而支持空间查询,并能产生新的几何对象。在实际应用中,一般使用 SpatialWare 作为数据服务器,而 MapInfo Professional 作为客户端,可以提高系统开发效率。

(7)Vertical Mapper 提供了基于网格的数据分析工具。

(三)Intergraph

美国 Intergraph 公司的业务方向为计算机辅助设计、制造以及专业制图领域的硬件软件以及服务支持。Intergraph 提供的 GIS 产品包括专业 GIS 系统(MGE),桌面 GIS 系统(GeoMedia),以及因特网 GIS 系统(GeoMedia Web Map)。

1. MGE

MGE 构成了 Intergraph 专业 GIS 软件产品族,它包括多个产品模块,提供了从扫描图像矢量化(I/GEOVEC)、拓扑空间分析(MGE Analyst)到地图整饰输出(MGE Map Finisher)的基本 GIS 功能,此外还包括了其他一些扩展模块,实现了图像处理分析(I/RAS C、MGE Image Analyst)、网络分析(MGE Network Analyst)、格网分析(MGE Grid Analyst)、地形模型分析(MGE Terrain Analyst)、基于真三维的地下体分析(MGE Voxel Analyst)等一系列增强功能。

2. GeoMedia Professional

GeoMedia Professional 设计成与标准关系数据库一起工作,用于空间数据采集和管理的 GIS 产品,它将空间图形数据和属性数据都存放于标准关系数据库(Microsoft Access)中,在一定程度上提高了系统的稳定性和开放性,并且提高了数据采集、编辑、分析的效率。它支持多种数据源,包括其他 GIS 软件厂商的数据文件以及多种关系数据库;实现了矢量栅格的集成操作;提供了多种空间分析功能。此外,GeoMedia 还包含其他一些模块,以应用于不同的具体领域,界面如图 1-3 所示。

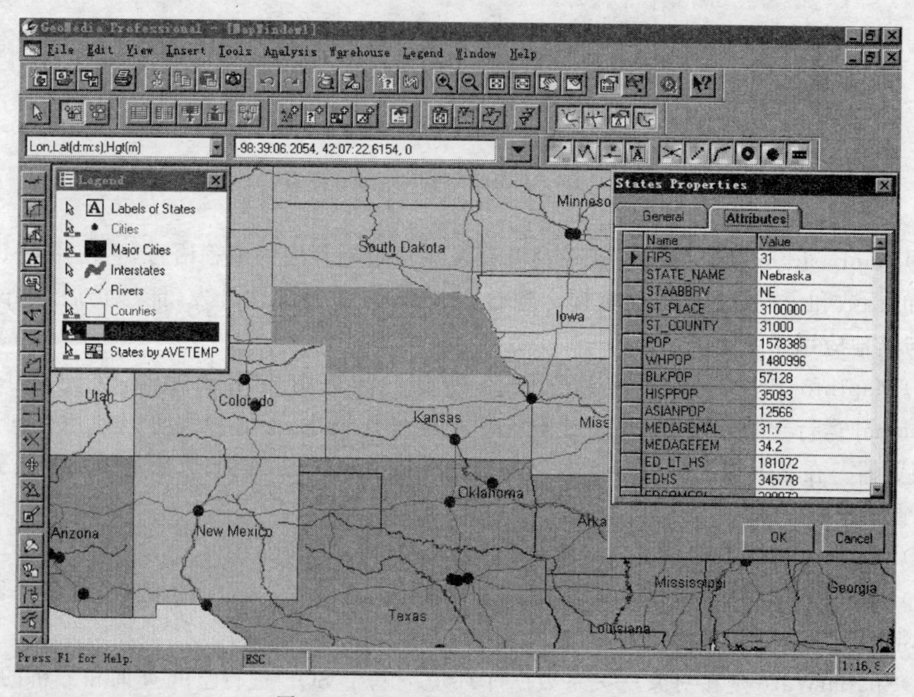

图 1-3　GeoMedia Professional 界面

(1)GeoMedia Network:可应用于交通网络以及逻辑网络的管理、分析、规划,具体包括最短路径查询、线路规划等功能。

(2)GeoMedia SmartSketch：具有较强的图形编辑能力，是一个计算机辅助设计(CAD)软件。

(3)GeoMedia Relation Moduler：用于建立设备间的网络关系，可以应用于自来水、煤气等市政管网的管理以及设备跟踪。

(4)GeoMedia Object：GeoMedia 是基于控件的系统，它包含多个 OCX 控件，基于这些控件，用户可以开发具体的应用系统。

(5)GeoMedia MFworks：基于栅格数据的分析模块，包含多种控件操作函数。

(6)GeoMedia Oracle GDO Server：可以将地理数据写入到 Oracle 数据库并读出。

3. GeoMedia Web Map

GeoMedia Web Map 是 Intergraph 提供的基于互联网的空间信息发布工具。它提供了多源数据的直接访问和发布，并且支持多种浏览器。GeoMedia Web Map Enterprise 除了能够在互联网上发布数据之外，还提供了空间分析服务，如缓冲区分析、路径分析、地理编码等，用户可以在客户端通过浏览器提出请求，并输入具体参数，服务器进行计算并将结果返回给用户。

二、国产 GIS 软件

(一)MapGIS

MapGIS 是由武汉中地数码集团开发的地理信息系统软件，包括数据中心集成开发平台、基础 GIS 平台、遥感数据处理平台、三维开发平台、互联网开发平台、嵌入式开发平台。

(1)数据中心集成开发平台：集“基础”与“应用”为一体的综合开发与应用集成平台，它既是一个“资源管理器”又是一个“系统开发器”。

(2)基础 GIS 平台：集数据管理、地图制作、地图编辑、地图分析于一体，提供多种地图绘制方式、编辑手段、地理分析方法、网格影像处理等功能。如图 1-4 所示。

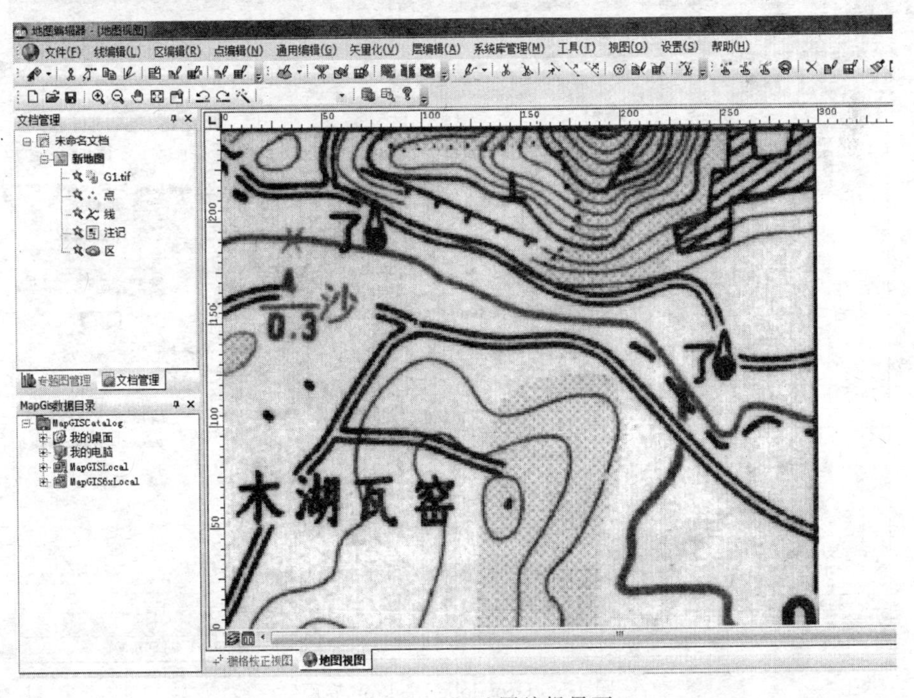

图 1-4　MapGIS 地图编辑界面

(3)遥感数据处理平台:提供了海量数据存储管理、影像可视化、辐射校正、几何校正、影像分析、信息提取和制图输出的一体化工具。

(4)三维开发平台:提供了丰富的三维建模方法、多样化的模型可视化表达、专业特色的三维分析应用以及二三维一体化的数据处理分析等功能。并通过整合 GIS、DEM、三维景观建模、三维地质构模、虚拟现实、数据库、网络通信等技术,实现基于 C/S、B/S 结构的真三维地理空间实体的可视化分析、应用和服务。

(5)互联网开发平台:提供了 IMS 行业解决方案、面向服务的 IMS 解决方案、IMS 三维解决方案;支持基于 Flex、基于搭建和基于 Silverlight 的二次开发方式。

(6)嵌入式开发平台:实现在各种硬件平台的终端上快速布置各类 GIS 空间信息服务应用。

(二)GeoStar

吉奥之星(GeoStar)是由武大吉奥信息技术有限公司开发的地理信息系统软件,包括 GeoGlobe、GeoOnline、GeoShow、GeoMEGQ、Geo MappingEditor 五种产品系列。

1. GeoGlobe

GeoGlobe 是一个可伸缩的地理信息基础软件平台,可通过桌面、服务器、Web、移动智能终端对地理信息进行处理、管理、发布、浏览及相关分析,提供二次开发支持。

(1)二维桌面 GIS(GeoGlobe Desktop):基于 GeoGlobe 核心组件构建的 GIS 桌面软件,它是运行在 Windows 系统上的综合性 GIS 软件,具备基础地理信息的数据处理、转换、建库、更新、浏览、查询、制图、打印、发布能力,支持拓扑检查、空间分析、专题图制作等高级 GIS 功能。同时,软件提供公交数据处理、地名地址数据建库、符号设计等扩展工具。如图 1-5 所示。

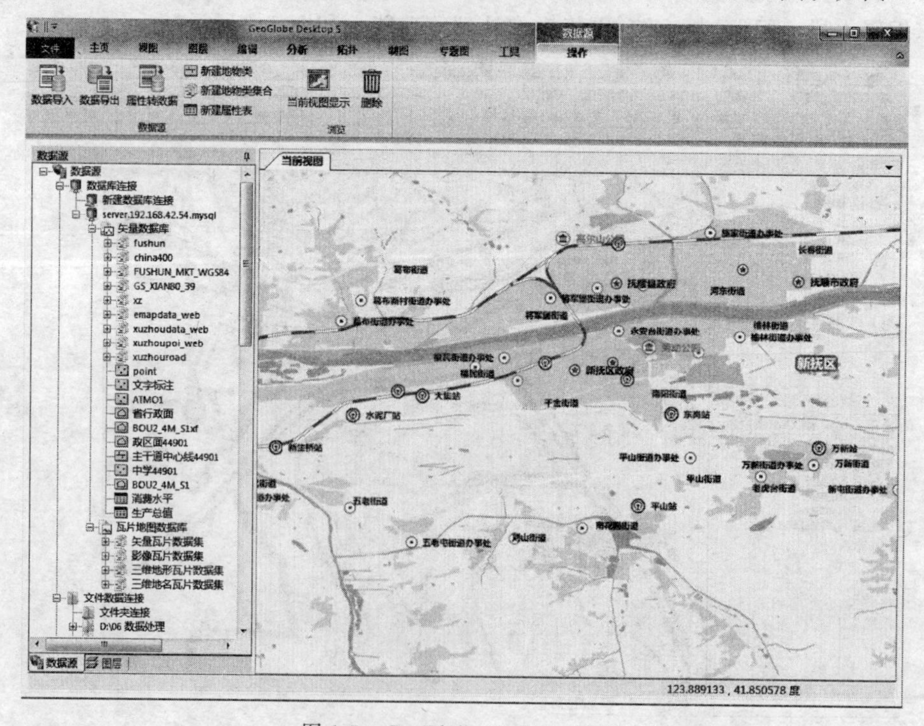

图 1-5　GeoGlobe Desktop 界面

（2）三维桌面 GIS：三维桌面产品是一个完整的三维 GIS 平台，提供三维模型数据的处理、整合、地上地下一体化浏览、查询与分析能力。同时提供相应的二次开发包，满足基于 B/S 或 C/S 模式下各行业对于三维系统的定制需求。

（3）服务 GIS（GeoGlobe Server）：基于 J2EE 平台和 GeoGlobe Server Engine 构建的 GIS 应用服务器，提供专业版、高级版、旗舰版三个版本，具备二三维一体化的地理信息数据服务与处理服务，提供服务的管理、聚合以及多层次的扩展开发能力。

（4）移动 GIS（GeoGlobe Mobile）：面向行业、大众移动应用开发商提供的专业、全功能的移动 GIS 开发平台。平台支持主流的 Android、iOS 操作系统的移动智能终端在线、离线的地理数据展示、应用及二次开发，可用于快速开发定制面向行业领域和公众服务的移动 GIS 应用系统。

2. GeoOnline

GeoOnline 是集海量、多源异构空间信息资源的整合、管理、发布、共享、应用和运维保障于一体，快速搭建“天地图”省、市级节点的软件平台。它服务于政府部门、企事业单位、社会公众，在国家地理信息公共服务平台总体框架下，严格遵循“天地图”的建设标准与规范，实现“天地图”国家、省、市、区县级节点的无缝互联互通。

3. GeoShow

GeoShow 是为智慧城市行业关键业绩指标（key performance indicator，KPI）提供整合、展示、监管的跨行业、基础性的综合平台。

4. GeoMEGQ

地理国情数据生产软件（GeoMEGQ）专门为地理国情普查定制，实现地理国情数据的采集、提取、核查、质检、入库。

5. Geo MappingEditor

吉奥测图建库系统（Geo MappingEditor，GeoME）是面向测绘数据生产单位，提供地理信息数据采集、编辑、更新的工具软件。

（三）SuperMap

SuperMap 是北京超图软件股份有限公司开发的地理信息系统软件平台，包括组件式 GIS 开发平台、服务式 GIS 开发平台、嵌入式 GIS 开发平台、桌面 GIS 平台、导航应用开发平台以及相关的空间数据生产、加工和管理工具。

SuperMap GIS 7C 的终端 GIS 平台软件涵盖了 PC 端、Web 端、移动端各种产品，可连接到云 GIS 平台以及超图公有云平台，进行地图制作、业务定制、终端展示、数据更新等过程。SuperMap 体系结构如图 1-6 所示，包括以下几类。

（1）组件 GIS 开发平台：包括 SuperMap iObjects Java 7C、SuperMap iObjects .NET 7C。是全功能的 GIS 应用二次开发平台，用于构建 GIS 单机系统、C/S 系统，可提供 Java、.NET 两类 API。

（2）桌面 GIS 平台：包括 SuperMap iDesktop 7C。是专业的 GIS 数据分析、处理、制图平台，并支持.NET 环境下的扩展开发，可快速定制行业应用。

（3）地图制作和阅读软件：包括 iMapEditor 7C、iMapReader 7C。轻量级的地图编辑、阅读工具，与超图地图商店互联互通。

（4）移动 GIS 开发平台：包括 SuperMap iMobile 7C for iOS/Android。是全功能移动 GIS

开发平台，支持二三维一体化展示、路径导航等，支持 iOS、Android 平台。

(5)轻量移动端 SDK：包括 SuperMap iClient 7C for iOS/Android/Win8。是轻量级、开发快捷、免费的 GIS 移动端开发包，支持在线连接 SuperMap 云 GIS 平台以及超图云服务，支持离线瓦片缓存，支持 iOS、Android、Windows Phone 8 平台。

(6)浏览器端 SDK：包括 SuperMap iClient 7C for JavaScript/Flash/Silverlight、SuperMap iClient 7C for 3D/Flash3D。其涵盖 JavaScript、Flash、Silverlight 等多种常见 Web 开发平台，并在 Web 端提供二三维一体化能力。

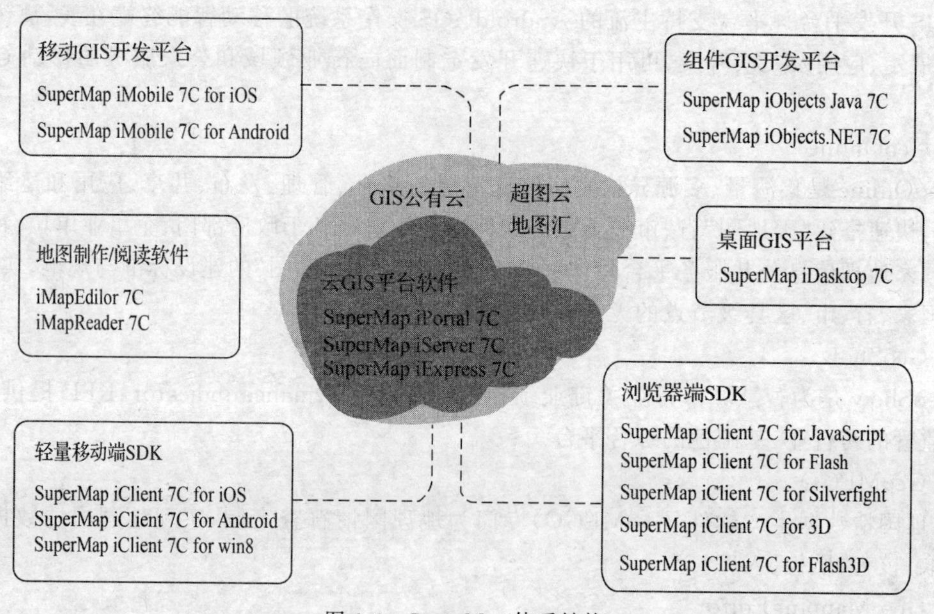

图 1-6 SuperMap 体系结构

思考与拓展

1. 国内外常用 GIS 软件有哪些？各有什么特点？
2. 请利用任意一种数字地球平台，查询自己所在位置，了解周边环境及交通状况。

任务 1-1 认识 ArcMap

一、任务描述

ArcMap 是 ArcGIS Desktop 的核心应用程序，用于显示、查询、编辑和分析地图数据，具有地图制图的所有功能，在此环境中可完成一系列高级 GIS 任务。本任务主要认识 ArcMap 的工作环境及操作界面。

二、任务目标

熟悉 ArcMap 的工作环境和基本操作，了解 ArcMap 的功能环境及应用。

三、任务内容及要求

认识 ArcMap 窗口组成，学习地图文档的创建和数据层的基本操作，理解地图文档的数据组织形式，能按要求正确存储地图文档。

四、任务实施

（一）认识 ArcMap 的窗口界面

ArcMap 窗口主要由主菜单、标准工具栏、内容列表窗口、地图显示窗口、数据显示工具和状态条等六部分组成，如图 1-7 所示。

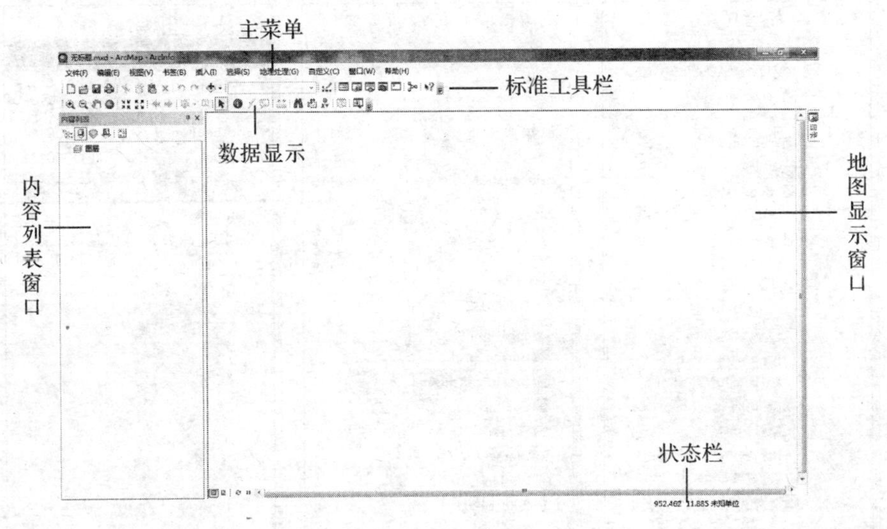

图 1-7　ArcMap 窗口组成

1. 主菜单

主菜单包括文件、编辑、视图、书签、插入、选择、地理处理、自定义、窗口、帮助等十个菜单项，每个菜单项包含一组相关的操作命令。

2. 标准工具栏

如图 1-8 所示，窗口标准工具共有 20 个按钮，前 10 个按钮为通用的软件功能按钮，后 10 个按钮依次为添加数据、设置显示比例、调用编辑器工具、打开内容列表窗口、打开目录窗口、打开搜索窗口、启动 ArcToolbox 窗口、打开 Python 代码编辑窗口、打开模型构建器窗口、调用实时帮助等。

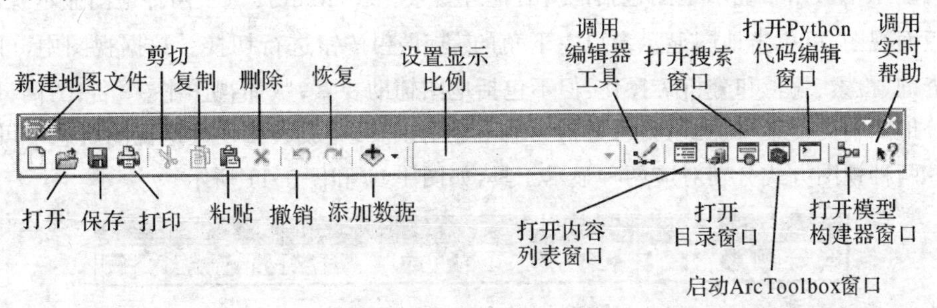

图 1-8　窗口标准工具

3. 内容列表窗口

内容列表用于显示地图所包含的数据组、数据层、地理要素及其显示状态。在内容列表中可以控制数据组、数据层的显示与否,可以设置地理要素的表示方法。

一个地图文档至少包含一个数据组,当有多个数据组时,只有一个数据组属于当前数据组(即处于激活状态),只能对当前数据组进行操作。每个数据组由若干数据层组成,每个数据层前面的小方框用于控制数据层在地图中的显示与否。

通过内容列表中的工具按钮实现不同的数据层列出方式,为按绘制顺序列出,为按源列出,为按可见性列出,为按选择列出,为选项,如图 1-9 所示。

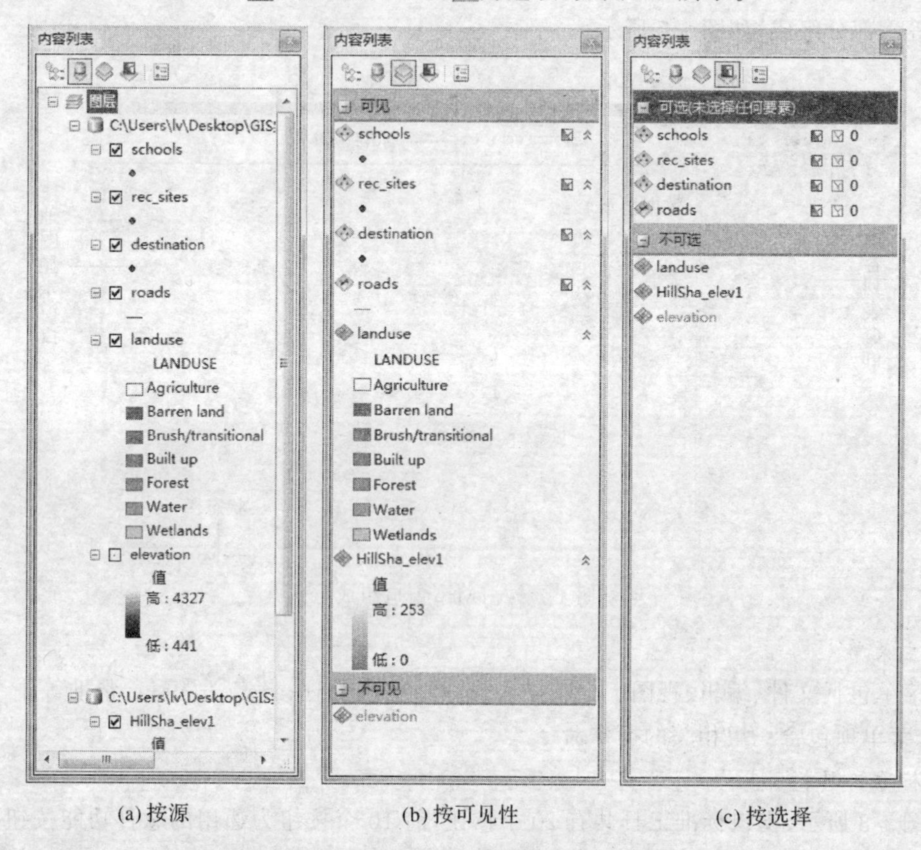

(a) 按源　　(b) 按可见性　　(c) 按选择

图 1-9　按不同方式列出数据层

4. 地图显示窗口

地图显示窗口用于显示地图包括的所有地理要素。ArcMap 提供了两种地图显示状态:数据视图和版面视图,可单击地图显示窗口左下角的和按钮进行切换。数据视图中,可以对数据进行查询、检索、编辑和分析等操作,但不包括地图辅助要素;版面视图中,图名、图例、比例尺、指北针等地图辅助要素可加载其中,可借助输出显示工具,完成大量在数据视图状态下可以完成的操作。两种视图方式分别对应两种显示工具,如图 1-10 和图 1-11 所示。

图 1-10　数据显示工具

图 1-11　输出显示工具

5. 快捷菜单

在 ArcMap 窗口的不同部位单击鼠标右键，会弹出不同的快捷菜单，这里主要介绍四种常用的快捷菜单调用。

(1)数据组操作快捷菜单。在内容列表中当前数据组上单击鼠标右键，或将鼠标放在数据视图中单击右键，可打开数据组操作快捷菜单，如图 1-12 所示。它用于对数据组及其包含的数据层进行操作。

(2)数据层操作快捷菜单。在内容列表中的任意数据层上单击鼠标右键，可打开数据层操作快捷菜单，如图 1-13 所示。它用于对数据层及要素属性进行各种操作。

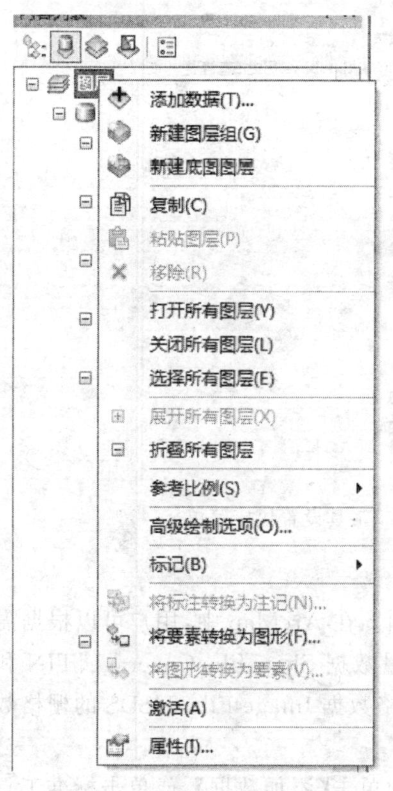

图 1-12　数据组操作快捷菜单

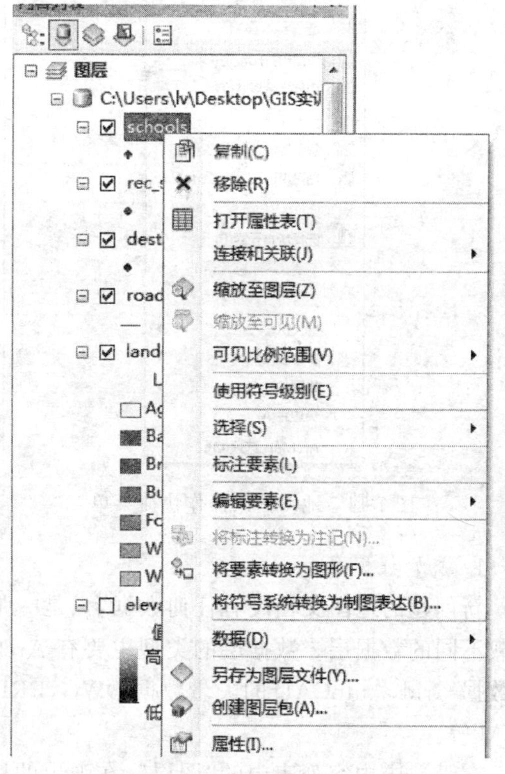

图 1-13　数据层操作快捷菜单

(3)地图输出操作快捷菜单。在地图显示窗口空白处中单击鼠标右键，可打开地图输出操作快捷菜单，如图 1-14 所示。它用于设置输出地图的图面内容、图面尺寸和图面整饰等。

(4)窗口工具设置快捷菜单。将鼠标放在 ArcMap 窗口中主菜单、工具栏等空白处，单击鼠标右键，可以打开窗口工具设置快捷菜单，如图 1-15 所示。它用于设置主菜单、标准工具、数据显示工具、绘图工具、编辑工具、标注工具以及空间分析工具等在 ArcMap 窗口中的显示与否。

(二)创建地图文档

启动 ArcMap，在 ArcMap 对话框中选择新建地图并单击【确定】，或在 ArcMap 工作环境中单击□按钮，均可创建一个空白新地图文档。

图 1-14　地图输出操作快捷菜单

图 1-15　工具设置快捷菜单

1. *添加数据层*

新创建的地图文档没有任何数据，只是一张空白地图。在 ArcMap 中，用户可以根据需要加载不同的数据层。数据层的类型主要有 ArcGIS 的矢量数据 Shapefile、Coverage、TIN 和栅格数据 Grid，AutoCAD 的矢量数据 DWG，ERDAS 的栅格数据 Image File，USDS 的栅格数据 DEM 等。

右键单击内容列表中的“图层”，在弹出的快捷菜单中单击【添加数据】，或单击标准工具栏中的 ✚ 按钮，即可加载数据层。

2. *数据层更名*

在内容列表中，数据组所包含的每个图层以及图层中所包含的一系列地理要素，都有相应的描述字符与之对应。在默认情况下，添加进来的数据层是以其数据源的名字命名的，可根据需要更改数据层的名字。在需要更名的数据层上单击左键，选定数据层，再次单击左键，该数据层名称进入了可编辑状态，此时可以输入数据层的新名称。同理，对地理要素的更名方法也一样。

3. 调整数据层顺序

内容表中如果有很多图层，为了便于表达，图层的排列顺序应遵循以下准则：

(1)按照点、线、面要素的类型依次由上至下排列。

(2)按照要素重要程度的高低依次由上至下排列。

(3)按照要素线划的粗细依次由下至上排列。

(4)按照要素色彩的浓淡程度依次由下至上排列。

将鼠标指针放在需要调整的数据层上，按住左键拖至新位置，释放左键即可完成顺序调整。

4. 复制和移除数据层

在一幅 ArcMap 地图中，同一个数据文件可以被多个数据组引用，通过数据层的复制就可以方便地实现。具体操作如下：

(1)复制。在内容列表中，选择需要复制的数据层，单击鼠标右键，打开快捷菜单，单击【复制】。选择目标数据组，单击鼠标右键，打开快捷菜单，单击【粘贴】，即可将选定数据层复制到相应的数据组中并显示。同样的，在不同的地图中也可完成粘贴。

(2)移除。若要从当前地图文档中移除某数据层，选择需要被移除的图层，单击鼠标右键，单击【移除】即可删除该图层。按住 Shift 或者 Ctrl 键可以选择多个图层进行操作。

5. 坐标系设置

ArcMap 中数据层大多是具有地理坐标系统的空间数据，创建新地图并加载数据层时，第一个被加载的数据层坐标系统作为该数据组的默认坐标系统，随后被加载的数据层，无论其原有的坐标系如何，只要满足坐标转换的要求，都将被自动转换为该数据组的坐标系统，而不影响数据层所对应的数据本身。对于没有足够坐标信息的数据层，一般情况下由操作人员提供坐标信息。若没有操作人员提供坐标信息，ArcMap 有一种默认处理办法：先判断数据层的 X 坐标是否在 -180 至 180 之间，Y 坐标是否在 -90 至 90 之间，若判断为真，则按照经纬度大地坐标来处理；若判断不为真，就认为是简单的平面坐标系统。

若不知道所加载数据层的坐标系统，可以通过数据组属性或者数据层属性进行查阅，并进一步根据需要修改：

(1) 单击菜单【视图】/【数据框属性】，打开"数据框属性"对话框，如图 1-16 所示。

(2) 在"数据框属性"对话框中，单击【坐标系】选项卡，选项卡上显示了该地图数据组的坐标信息。在"选择坐标系"栏目下，双击【预定义】目录，展开系统定义的包含地理坐标系和投影坐标系的大量地图投影类型。逐级目录搜索需要的地图投影类型，选择投影类型。单击【确定】按钮，数据组中所有数据层的坐标系统都将变换为新的类型。

(3) 修改坐标系统参数。单击【修改】或【导入】按钮，可以根据需要修改地图投影参数或将指定数据的地图投影参数导入到当前地图文档中。

(4)设置地图显示参数。如图 1-17 所示，单击【常规】选项卡，设置显示单位、显示参考比例和旋转角度。单击【确定】，应用所设置的显示参数。

6. 保存地图文档

由于 ArcMap 地图文档记录和保存的并不是数据层所对应的源数据，而是各数据层对应的源数据路径信息，如果磁盘中地图所对应的数据文件路径被改变，系统会提示用户指定数据文件的新路径，或者忽略读取该数据层，地图中将不再显示该数据层的信息。

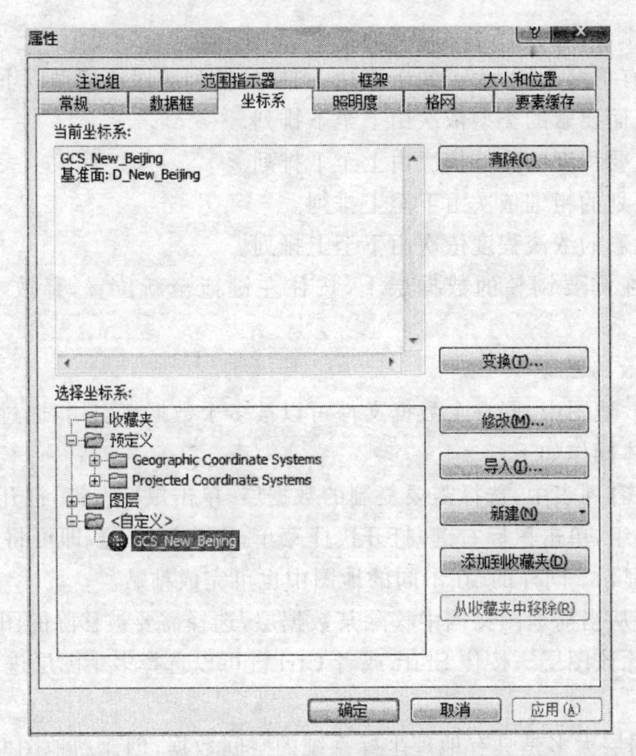

图 1-16　坐标系设置

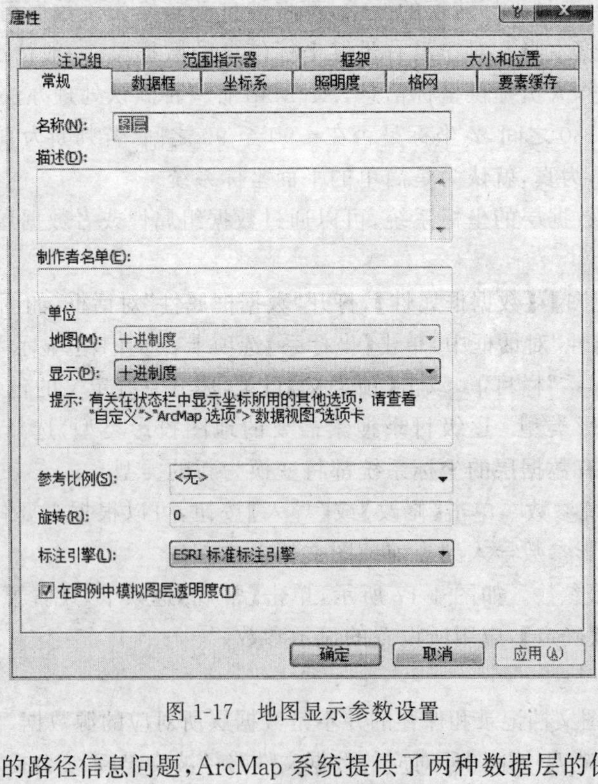

图 1-17　地图显示参数设置

为了解决数据层的路径信息问题，ArcMap 系统提供了两种数据层的保存路径方式，一种是保存完整路径，另一种是保存相对路径，同时还可以编辑地图文档中数据层所对应的源数据。

(1)单击菜单【文件】/【地图文档属性】,打开“地图文档属性”对话框。勾选“存储数据源的相对路径”,或取消勾选,单击【确定】,即完成保存路径设置。

(2)单击菜单【文件】/【保存】,完成地图文档的保存。

五、注意事项

(1)地图文档的后缀名是 mxd,它所存储的内容仅是对地图图层、数据、打印布局等的描述,包括数据的路径信息、图层顺序、各个图层的样式等,它并不包含数据本身。因此,在保存地图时,建议将地图文档和数据层的源数据存入同一个文件夹下,设置地图存储路径为相对路径,以方便地图使用。

(2)为使地图中所含地理要素能完整表达,一定要注意调整图层的显示顺序,按点、线、面要素类型依次由上至下排列,遵循数据层排列中的四条准则。

(3)当把某个数据层从当前地图中移除后,仅仅只是删除了它在当前地图中的引用,该数据层本身并没有被删除,它依然存在于原来所在的路径下。

思考与拓展

1. ArcMap 具有哪些功能?
2. ArcMap 中,地图的坐标系如何查询?如何设定或修改地图坐标系?
3. 在完成 ArcMap 地图制作,所保存的完整地图应包含哪些文件?

任务 1-2 认识 ArcCatalog

一、任务描述

ArcCatalog 是空间数据资源管理器,以数据为核心,用于定位、浏览、搜索、组织和管理空间数据。利用 ArcCatalog 还可以创建和管理数据库,定制和应用元数据,从而大大简化数据的组织、管理和维护工作。本任务主要围绕 ArcCatalog 模块的学习展开。

二、任务目标

了解 ArcCatalog 的功能特点,熟悉 ArcCatalog 的工作环境,掌握利用 ArcCatalog 对空间数据进行查询、组织和管理的方法。

三、任务内容及要求

学习在 ArcCatalog 中建立和删除文件夹连接,进行目录内容浏览,学习地图与图层操作等。学会如何在 ArcCatalog 中通过文件夹连接访问数据,如何查询空间数据信息等。

四、任务实施

(一)认识 ArcCatalog 的窗口界面

启动 ArcCatalog,进入 ArcCatalog 窗口界面,如图 1-18 所示。ArcCatalog 窗口主要由主菜单、标准工具栏、目录树、内容浏览窗口等四部分组成。

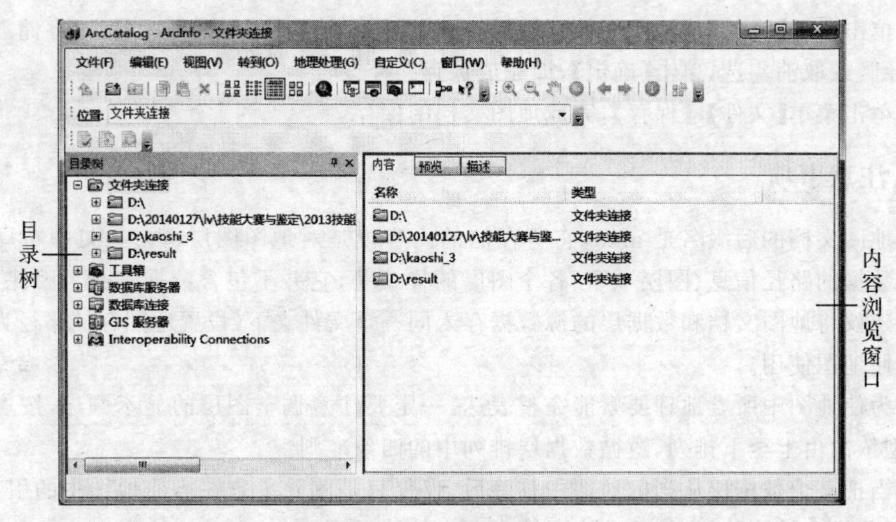

图 1-18 ArcCatalog 窗口组成

1. 主菜单

主菜单包括文件、编辑、视图、转到、地理处理、自定义、窗口、帮助等八个菜单项,每个菜单项包含一组相关的操作命令。

2. 标准工具栏

如图 1-19 所示,窗口标准工具共有 17 个按钮,依次为向上一级、连接到文件夹、断开与文件夹的连接、复制、粘贴、删除、大图标、列表、详细信息、缩略图、启动 ArcMap、打开目录树窗口、打开搜索窗口、启动 ArcToolbox、打开 Python 代码编辑窗口、打开模型构建器窗口、调用实时帮助等。

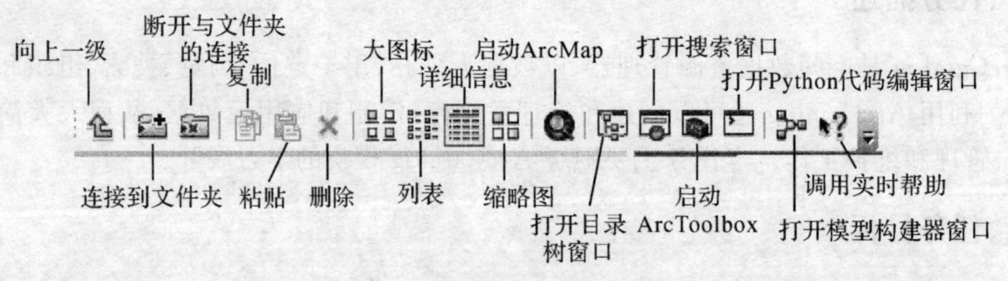

图 1-19 ArcCatalog 标准工具栏

3. 地理工具栏

如图 1-20 所示,共有八个按钮,依次为放大、缩小、平移、全图、返回到上一视图、转到下一视图、识别、创建缩略图。利用这些工具按钮可对预览的地图数据进行缩放、移动、查询等操作。

图 1-20 地理工具栏

4. 目录树

ArcCatalog 窗口的左侧是目录树,可帮助用户组织和管理文件夹(有时称为"工作空间")和地理数据库中的内容。GIS 信息项目包括地图文档、地理处理模型和工具箱以及基于文件的数据集(如影像文件、图层文件和 Globe 文档)。通过目录树面板,还可以与 GIS 服务器、共享地理数据库和其他服务建立连接。

5. 内容浏览窗口

浏览目录树中选定项目内容。

(二)文件夹连接

文件夹连接指建立与存取数据所在文件夹的联系,便于存取数据。首次启动 ArcCatalog,会发现目录树中包含了本机硬盘上的目录。如果所使用的数据不在指定的文件夹中,可通过定制文件夹连接,添加数据库连接和文件类型,以及隐藏暂时不需要的数据源,可以建立自己的空间数据目录。

1. 添加文件夹连接

通过添加文件夹连接,可以设置经常访问的数据连接,方便访问。具体操作如下。

选择目录树中的文件夹连接,单击鼠标右键,在弹出的快捷菜单中单击【连接文件夹】,在弹出的“连接到文件夹”对话框中选择需要进行连接的文件夹,单击【确定】,即可建立连接,所选择的文件夹出现在文件夹栏。也可在内容窗口中空白处单击鼠标右键,单击【连接文件夹】。

建立了指定的文件夹连接,即可访问该文件夹下所存储的空间数据,并对其进行相关的操作。

2. 查看文件夹连接

当选择目录树中的一个文件夹连接之后,内容浏览窗口中列出其包含的所有项。不像 Windows 的文件管理器,目录没有列出磁盘上的所有文件,尽管有些文件夹中含有文件,但可能会显示为空。单击菜单【自定义】/【ArcCatalog 选项】,在选项对话框中单击【新类型】按钮,添加需要被显示的文件类型,即可将相应格式的文件显示到目录中。文件夹中的地理数据源以不同的图标显示,便于查找文件。

3. 删除文件夹连接

若要删除连接,在目录树或内容窗口中选择将被删除连接的文件夹,单击鼠标右键,在弹出的快捷菜单中单击【断开文件夹连接】即可。

(三)目录内容浏览

ArcCatalog 有三个选项卡:内容、预览、描述,如图 1-21 所示。每一个选项卡提供唯一一种查看 ArcCatalog 目录树中项目内容的方式。

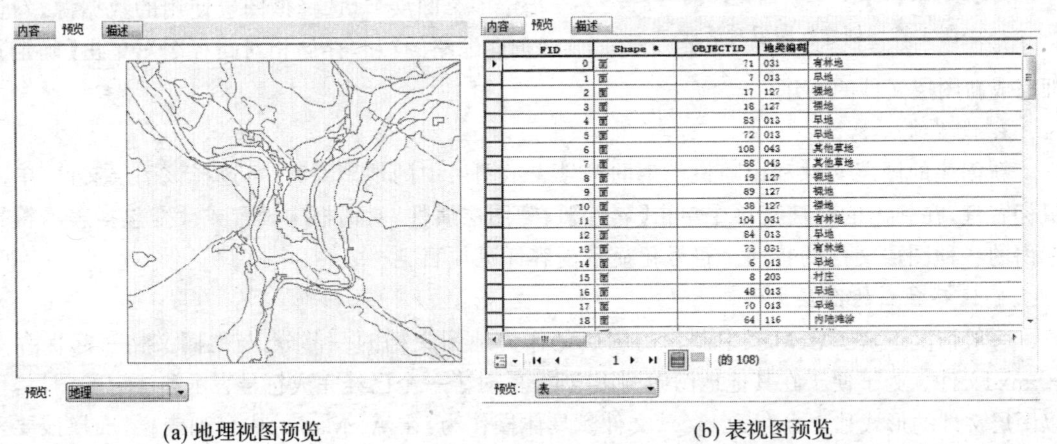

(a) 地理视图预览　　(b) 表视图预览

图 1-21　不同的预览方式

(1)内容选项卡中列出选定项目所包含的项目,扩展文件夹的项目,并且能看到目录树中的所有内容。

(2)预览选项卡能以不同视图方式浏览项目,包括地理视图和表视图。地理视图为缺省方式,对于既包含空间数据又包含表格属性数据的项目,可在窗口最下方的【预览】下拉列表中进行切换。地理视图方式下,矢量数据集的每个要素或注记、栅格数据集的每个像元、TIN 数据集的每个三角均被绘图显示。可以借助地理工具栏上的工具对视图进行放大、缩小、移动、查询等多种操作。表视图方式下,预览显示所选内容项中的属性数据表格,如图 1-21(b)所示。

【描述】选项卡可以查看有关数据的详细信息,包括数据精度、获取方式等。

(四)向地图中添加数据

(1)单击标准工具栏中的工具,启动 ArcMap,新建一幅地图,或在 ArcCatalog 中浏览并选择指定地图,双击打开该地图,适当调整 ArcMap 和 ArcCatalog 窗口,以便能同时看到 ArcMap 中的内容列表和 ArcCatalog 目录树。

(2)在 ArcCatalog 中选择需要加入到地图中的数据,按住鼠标左键,将数据从 ArcCatalog 直接拖至 ArcMap 地图中。将数据层拖至地图中时,其副本自动创建并存储在地图文档中。用这种方法可以一次创建一个数据层,并在不同的地图中使用。

(五)地图与图层操作

地图文档本质是存储在磁盘上的地图,包括地理数据、图名、图例等一系列组件。当完成地图制作、图层要素标注及显示符号设置后,可以将其作为图层文件保存到磁盘中。在一个图层文件中,包括了地图上描述地理数据的符号、显示、标注、查询和关系等信息,图层文件可以在多种场合中重复使用。对于 ArcSDE 地理数据库,也可以在 ArcCatalog 中利用 ArcSDE 地理数据库中的地理数据创建一个图层文件,并将其放置在网络上的共享文件夹中,供工作组内所有成员使用。

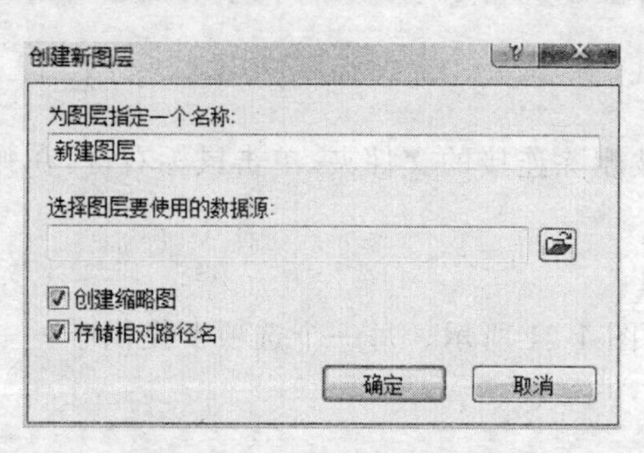

图 1-22 创建新图层对话框

1. 创建图层文件

在内容浏览窗口空白处,单击鼠标右键,在弹出的快捷菜单中依次单击选择【新建】/【图层】,弹出“创建新图层”对话框,如图 1-22 所示。为图层指定一个图层名,选择该图层使用的数据源,勾选“创建缩略图”和“存储相对路径名”,单击【确定】,即完成新图层文件的创建。

2. 设置文件属性

新创建的图层文件利用随机产生的符号表示图层中的地理要素,可选择该图层文件,单击鼠标右键,在弹出的快捷菜单中单击【属性】,在“图层属性”对话框中设置或改变包括表示符号在内的各种图层文件的特性。符号化显示内容详见项目七。

3. 保存独立的图层文件

一般情况下,在 ArcMap 中制作的图层是作为地图文档的一部分,与地图文档一起保存为 *.mxd文件。为了便于在其他地图中调用或共享,对于一个已经完成符号表示和注记的图层,可以图层文件的形式独立保存为 *.lyr 文件。具体操作为:在 ArcMap 的内容列表栏,选择该要素层,单击鼠标右键,在弹出的快捷菜单中单击【另存为图层文件】即可。

五、注意事项

当创建一个路径连接后，可以访问该连接所关联的所有数据。文件连接可访问本地磁盘以及网络上共享的文件夹中的文件夹和目录，数据库连接可访问数据库的内容。把目录树中的文件夹连接或数据库连接移除后，仅仅删除了连接关系，数据本身并没有被删除。

思考与拓展

1. 利用 ArcCatalog 能完成哪些工作？

2. 本任务中创建的图层文件起什么作用？

3. 在查看一个文件夹连接时，可以看到它包含的数据项。但 ArcCatalog 不会列出磁盘上存储的所有文件，一个非空文件夹在 ArcCatalog 中看上去可能为空。除了选择准备操作的地理数据格式外，如何将其他格式的文件显示到目录中？

任务 1-3　认识 ArcToolbox

一、任务描述

ArcToolbox 是地理处理工具的集合，包括数据管理、数据转换、矢量分析、地理编码和统计分析等多种复杂的地理处理工具，内嵌于 ArcMap 和 ArcCatalog 中。本任务主要围绕 ArcToolbox 的学习展开。

二、任务目标

了解 ArcToolbox 的基本内容，熟悉 ArcToolbox 的基本操作及功能应用。

三、任务内容及要求

学习 ArcToolbox 中工具集的使用，了解不同工具集所包含的内容及其功能，掌握工具调用方法。

四、任务实施

(一)认识 ArcToolbox

1. 打开 ArcToolbox

在 ArcMap 或 ArcCatalog 中单击标准工具栏中的工具，即可打开 ArcToolbox 窗口，如图 1-23 所示。此时，ArcToolbox 窗口处于悬浮状态，可将其拖至任意位置，若双击 ArcToolbox 窗口标题栏，可将 ArcToolbox 窗口停靠到 ArcMap 或 ArcCatalog 工作界面中，成为其工作界面的一部分。

图 1-23　ArcToolbox 工具箱

2. 认识 ArcToolbox

ArcToolbox 由多个工具集构成，每个工具集中包含不同级别的子工具集，含不同数量的工具，能够完成不同类型任务。主要工具集如下：

(1)3D分析工具(3D Analyst Tools)：创建和修改TIN以及栅格表面，并从中抽象出相关信息和属性。

(2)地统计分析工具(Geostatistical Analyst Tools)：地统计分析提供了空间数据分析、确定性插值、地统计插值、地统计模拟等工具，可以用它创建一个连续表面或者地图，用于可视化及分析，以更清晰了解空间现象。

(3)空间分析工具(Spatial Analyst Tools)：实现基于栅格数据的分析。

(4)地理编码工具(Geocoding Tools)：地理编码又称地址匹配，是建立地理位置坐标与给定地址一致性的过程。使用该工具可以给各个地理要素进行编码、建立索引等。

(5)分析工具(Analysis Tools)：针对所有类型的矢量数据运行多种地理处理，主要工具为叠加分析、提取、统计分析和邻域分析等。

(6)空间统计工具(Spatial Statistics Tools)：包含分析地理要素分布状态的一系列统计工具，能够实现多种地理数据的统计分析。

(7)数据管理工具(Data Management Tools)：用来管理和维护要素类、数据集、数据层以及栅格数据。

(8)线性参考工具(Linear Referencing Tools)：生成和维护线状地理要素的相关关系，如实现由线状Coverage到路径(Route)的转换，由路径事件(Event)属性表到地理要素类的转换等。

(9)制图工具(Cartography Tools)：制图工具与ArcGIS中其他大多数工具有着明显的目的性差异，它是根据特定的制图标准设计，包含了三种掩模工具。

(10)转换工具(Conversion Tools)：包含一系列不同数据格式的转换工具，主要有栅格数据、shapefile、Coverage、Table、dBASE、数字高程模型以及CAD到空间数据库(Geodatabase)的转换等。

3. 使用ArcToolbox工具

在ArcToolbox目录树中，选择需要的工具，双击该工具即可打开对话框，利用对话框选择输入输出数据，并设置必要的参数值，即可进行相应地理处理或分析。

(二)环境设置

地理处理环境设置是影响工具执行结果的附加参数，这些参数是先前使用独立对话框设置的值，工具在运行时将询问和使用这些参数。

更改环境设置通常是执行地理处理任务的先决条件。例如，当前工作空间环境设置和临时工作空间环境设置，可通过它们为输入和输出设置工作空间。再比如，处理范围环境设置将分析范围限制为一个特定的地理区域，而输出坐标系环境设置用于为新数据定义坐标系(地图投影)。

在ArcToolbox中，任意打开一个工具，对话框下方有一个【环境】按钮，对于一些特型或有特殊目的的计算，需要调整输出数据的范围、格式时，单击【环境】按钮，打开“环境设置”对话框，如图1-24所示。

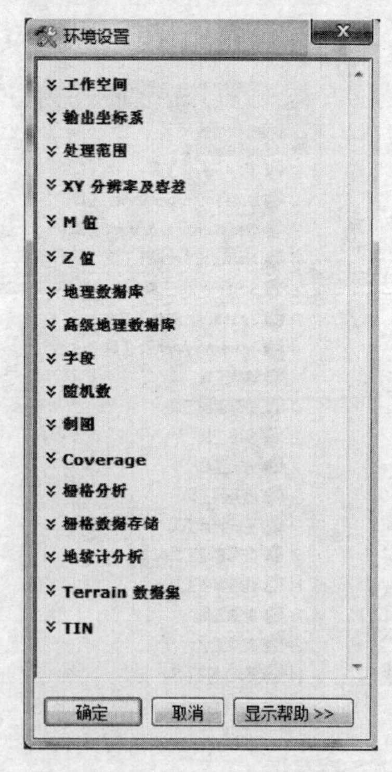

图1-24 地理处理环境设置

地理处理环境也可在 ArcCatalog 或 ArcMap 中，单击菜单【地理处理】/【环境】，进行预先设置，执行任何工具时均应用该设置。具体可参考“工具帮助”，在此不赘述。

(三)使用地理处理框架

1. 认识地理处理框架

通过工具对话框可执行单个工具，完成单项 GIS 任务。但现实中，经常会涉及重复的工作，因此需要创建可自动执行、记录及共享多步骤过程(即工作流)的方法。地理处理通过提供一组丰富的工具和机制实现工作流的自动化操作，即自动执行 GIS 任务以及执行空间分析和建模任务。

地理处理框架是一组用于管理和执行工具的窗口和对话框，是用于组织和管理现有工具进而创建新工具的较小的内置用户界面集合。模型构建器是为地理处理的工作流和脚本而提供的图形化建模工具，它可以加快设计和实现复杂地理处理模型的过程。

在模型构建器中，可以通过把数据和工具拖放到模型中，建立一个固定有序的处理复杂 GIS 任务的过程。模型处理输入的数据，产生输出数据；输出的数据也可以作为其他操作的输入数据。这些过程可以反复执行，涉及的数据和参数均可更改。

2. 模型构建

构建一个模型，实现对影像数据进行地图投影，裁剪投影后的数据，并输出到指定位置。操作步骤如下：

(1)在 ArcCatalog 中，右键单击指定文件夹，在弹出的快捷菜单中依次单击选择【新建】/【工具箱】，命名为“my tools”。

(2)右键单击“my tools”工具箱，在弹出的快捷菜单中依次单击选择【新建】/【模型】，打开模型构建器窗口，设置模型属性，包括模型名称、地理处理环境等。

(3)在 ArcMap 或 ArcCatalog 中打开需要处理的数据，直接把数据拖曳到模型构建器窗口。

(4)在 ArcToolbox 中，将投影栅格工具拖曳到模型构建器窗口。空间处理工具的功能决定了输出数据的类型，因此输出数据也随着空间处理工具的添加而产生。

(5)在模型构建器窗口中选择“投影栅格”，单击鼠标右键，在弹出的快捷菜单中依次单击选择【获取变量】/【从参数】/【地理(坐标)变换】，添加地理(坐标)变换变量，双击该图标，根据需要设置地理(坐标)变换参数。

(6)单击模型构建器窗口工具面板的连接工具，将输入数据与投影栅格相连。添加连接后，模型要素便由原来的无颜色填充，变为有颜色填充。

(7)在 ArcToolbox 中，将裁剪的栅格数据工具拖曳到模型构建器窗口，双击“裁剪”，设置裁剪范围。或选中“裁剪”图形，单击鼠标右键，在弹出的快捷菜单中依次单击选择【获取变量】/【从参数】/【输出范围】，获取裁剪范围。

(8)单击连接工具，将投影后的输出栅格数据集与裁剪相连。

(9)为模型设置参数，就可以在打开模型时直接输入数据和常数，给出输出路径。右键单击需设置参数的图形要素，勾选“模型参数”，则该要素右上角出现“P”表示设置成功。

(10)验证并保存模型，如图 1-25 所示。

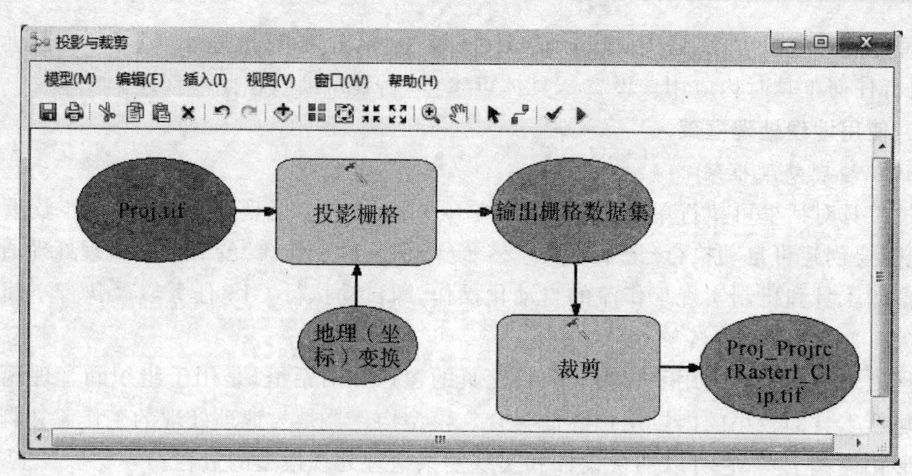

图 1-25 模型构建

五、注意事项

模型中工具的行为与其他地理处理工具完全相同,可在对话框中或使用脚本执行,可以嵌套使用。

思考与拓展

1. ArcToolbox 包含哪些工具？利用 ArcToolbox 能完成哪些工作？

2.在 ArcMap 和 ArcCatalog 中如何调出 ArcToolbox?

3. 利用模型构建器建模的目的是什么？

项目二　土地利用数据采集

[项目概述]

土地利用指人类对土地自然属性的利用方式和目的。土地覆盖指自然营造物和人工建筑物所覆盖的地表诸要素的综合体，包括地表植被、土壤、湖泊、沼泽湿地及各种建筑物。近年来，我国先后开展的土地调查、土地利用规划、土地确权、地理国情普查等项目，都包含对土地利用情况的分析。土地利用数据的获取，目前多采用正射遥感影像目视解译并矢量化的方法。本项目综合运用地理信息数据获取与表达的基本知识，以土地利用现状调查项目为载体，基于ArcGIS软件平台，介绍土地利用数据采集的方法、相关技术要求和规范，包括影像校正、数据层创建和土地利用数据采集三个任务。

[学习目标]

熟悉ArcMap的基本操作，了解全国第二次农村土地调查数据采集的流程、相关规范和技术要求，能利用ArcGIS软件进行影像校正和影像矢量化。

任务2-1　影像校正

一、任务描述

近年来，正射遥感影像被广泛作为地理信息数据生产时的基础底图。通常，我们得到的遥感影像可能存在坐标信息不准确等问题，需要对影像进行校正（又称影像配准），确保影像有精确的地理坐标，从而生产出符合精度要求的地理信息数据产品。

二、任务目标

熟悉ArcMap软件界面及布局，掌握ArcMap数据加载、移除的基本方法，掌握地图配准、影像投影定义的基本方法。

三、任务内容及要求

学习如何使用ArcMap进行影像校正，包括数据加载和移除的基本操作，ArcMap中特定功能工具条的打开和使用，影像校正以及影像投影定义的基本操作等。要求在进行影像校正时仔细检查控制点残差，确保校正精度。

四、任务实施

(一)数据准备

路径	名称	格式	说明
项目二\任务2-1\原始数据\	DOM_before	tif	某地区2.5 m分辨率影像
项目二\任务2-1\原始数据\	影像配准控制点	txt	

(二)操作步骤

(1)运行 ArcMap,在左侧的内容列表处选中【图层】,单击鼠标右键,在弹出的快捷菜单中单击【添加数据(T)...】,将影像“DOM_before.tif”添加到当前列表中,如图 2-1 所示。

(2)在 ArcMap 工具面板空白处单击鼠标右键,在下拉菜单中单击【地理配准】工具。加载影像数据后,该工具条打开后处于激活状态,如图 2-2 所示。

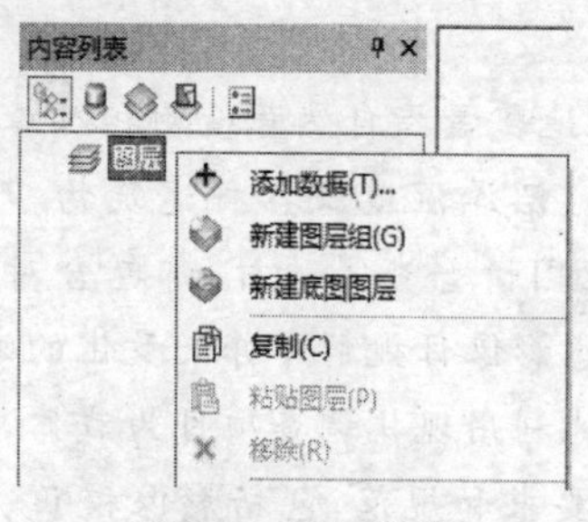

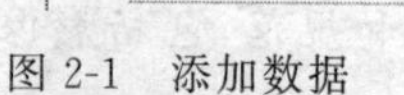
图 2-1 添加数据

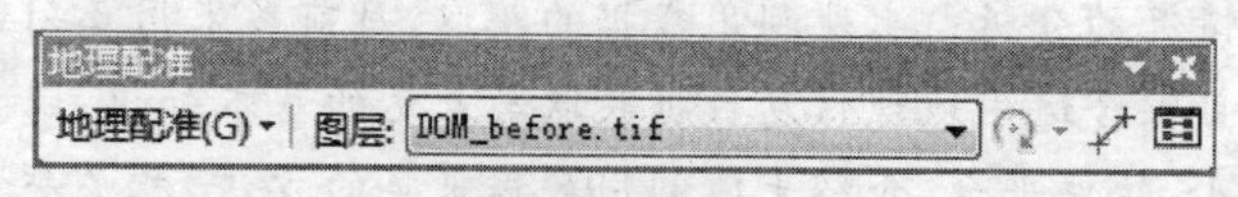

图 2-2 地理配准工具条

(3)单击【地理配准】按钮,单击【自动校正】,使其处于未选中状态。

(4)输入控制点。进行影像校正,需要一定数量(至少四个)的校正控制点。一般选取公里格网的交点或影像外业控制测量中实测的特征点作为校正控制点。

方法一:选取影像图中实测的控制点。在地理配准工具条上,单击 按钮,添加控制点,如图 2-3 所示。

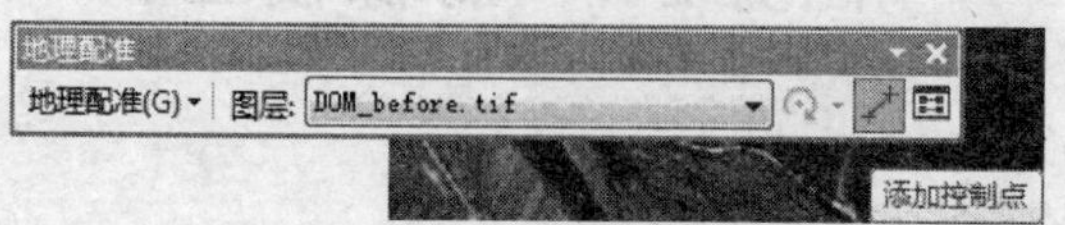

图 2-3 添加控制点按钮

使用该按钮在影像上精确地找到一个控制点,单击鼠标左键确定点位,然后单击鼠标右键,单击【输入 X 和 Y...】,输入该点的实测坐标。用相同的方法在影像上依次确定控制点位置,并输入它们的实测坐标。

方法二:打开 查看链接表工具,单击【加载】按钮,将“影像配准控制点.txt”文件加载进来。该文件已将影像坐标与实测坐标的一一对应关系编辑好,文件格式及内容如图 2-4 所示。

影像配准控制点.txt - 记事本

文件(F) 编辑(E) 格式(O) 查看(V) 帮助(H)

221.686955	-236.368168	34671721.675769	2859863.636344
209.174969	533.632152	34671709.172218	2860633.639482
886.674955	756.138561	34672386.675000	2860856.139000
-255.868647	496.083508	34671244.175865	2860593.639610
329.182633	-458.882111	34671829.166307	2859641.137688
791.686658	148.612725	34672291.689454	2860248.632051
414.171815	96.140774	34671914.175949	2860196.138024
529.106009	310.978502	34672031.843325	2860421.229077

图 2-4 影像配准控制点

其中,前两列为影像的图像坐标 x,y,后两列为实测坐标 X,Y。

将变换方式设定为“二阶多项式”,检查控制点的残差和 RMS 总误差,删除残差较大的控制点。如本例中应删除第八组控制点信息,选中连接 8,单击对话框中的 按钮,如图 2-5 所示,单击【确定】按钮。

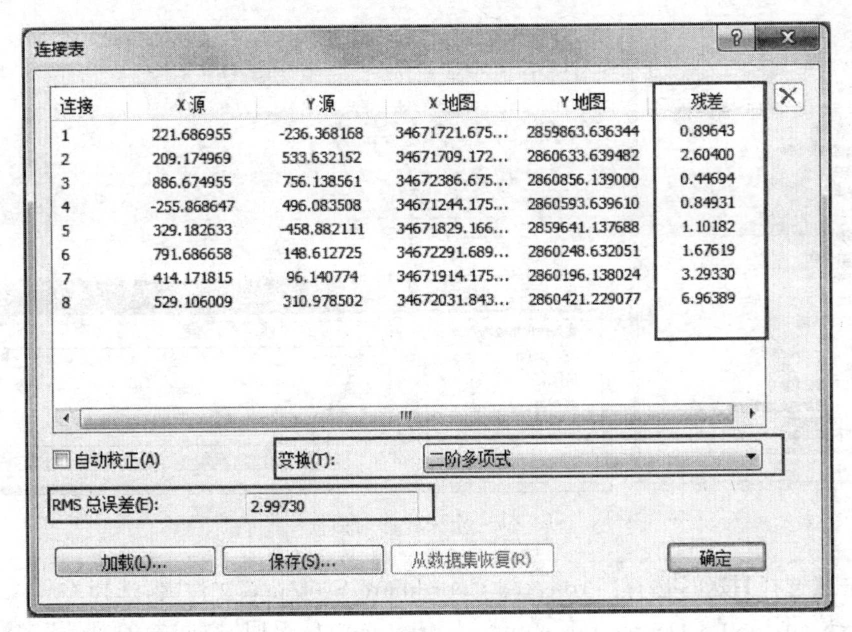

连接表

连接	X源	Y源	X地图	Y地图	残差
1	221.686955	-236.368168	34671721.675...	2859863.636344	0.89643
2	209.174969	533.632152	34671709.172...	2860633.639482	2.60400
3	886.674955	756.138561	34672386.675...	2860856.139000	0.44694
4	-255.868647	496.083508	34671244.175...	2860593.639610	0.84931
5	329.182633	-458.882111	34671829.166...	2859641.137688	1.10182
6	791.686658	148.612725	34672291.689...	2860248.632051	1.67619
7	414.171815	96.140774	34671914.175...	2860196.138024	3.29330
8	529.106009	310.978502	34672031.843...	2860421.229077	6.96389

自动校正(A)　变换(T):　二阶多项式

RMS 总误差(E):　2.99730

加载(L)...　保存(S)...　从数据集恢复(R)　确定

图 2-5　链接表工具对话框

(5)在地图配准工具条中单击【地理配准】按钮，在下拉菜单中选择【纠正】，对影像进行纠正配准。配准的影像根据设定的变换公式重采样，另存为一个新的影像文件。重采样类型选择精度较高的“双三次卷积(用于连续数据)”，输出位置选择“...\项目二\任务 2-1\成果数据”，名称为“DOM_after.tif”，单击【保存】按钮，对配准后的影像进行保存，如图 2-6 所示。

另存为

像元大小(C):　2.503817

NoData 为:

重采样类型(R):　双三次卷积(用于连续数据)

输出位置(O):　D:\地理信息系统技术应用实训指导书

名称(N):　DOM_after.tif　格式(F):　TIFF

压缩类型(T):　NONE　压缩质量(1-100)(Q):　75

保存(S)　取消(C)

图 2-6　保存影像配准结果

(6)加载“DOM_after.tif”，移除“DOM_before.tif”。检查影像坐标信息是否正确，确认正确后，单击标准工具栏上的按钮，打开 ArcToolbox。依次单击选择【数据管理工具】/【投影和变换】/【要素】，双击【定义投影】工具。打开“定义投影”对话框，如图 2-7 所示。在“输入数据集或要素类”设置框右侧中单击按钮，选择“DOM_after.tif”文件，单击按钮，打开“空间参考属性”对话框。

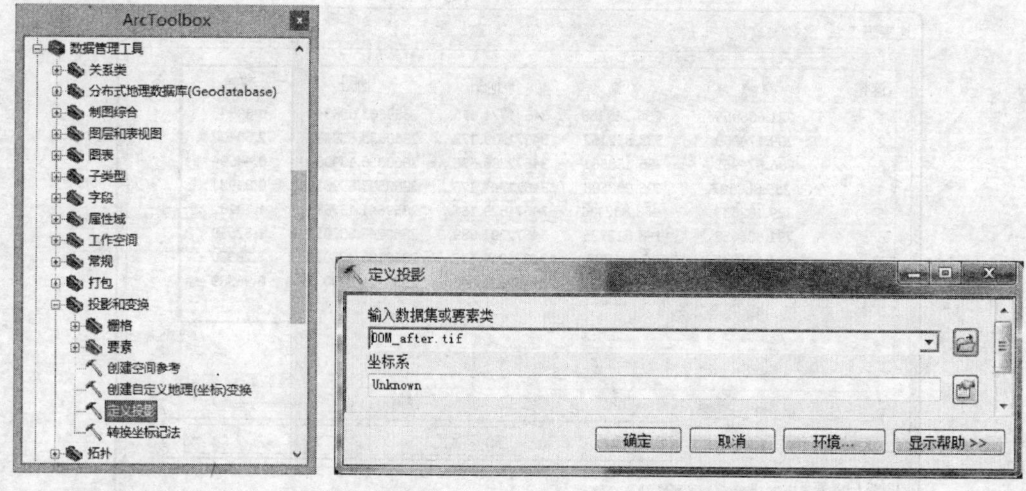

图 2-7 定义投影对话框

(7)单击【选择】按钮,选择“Projected Coordinate Systems”文件夹,选择 Gauss Kruger→Xian1980→Xian 1980 3 Degree GK Zone 34.prj。选中后返回“空间参考属性”对话框,单击【应用】按钮,再单击【确定】按钮,确认操作,如图 2-8 所示。

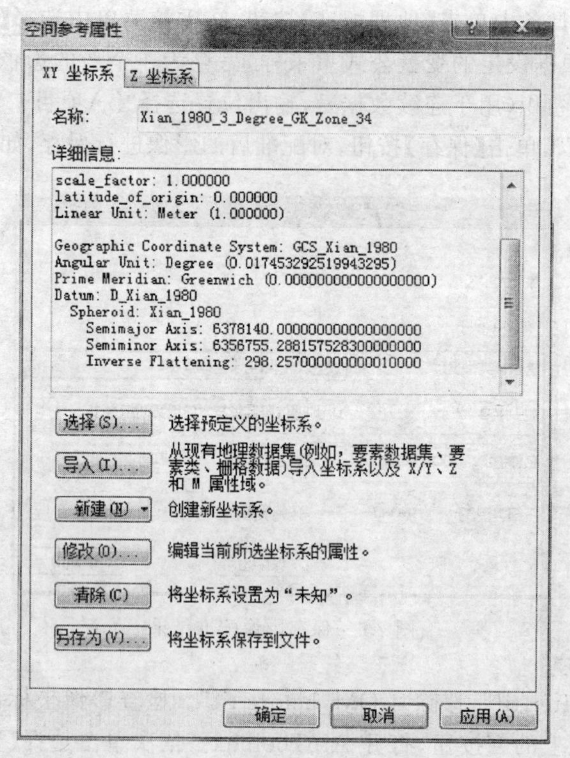

图 2-8 空间参考属性对话框

(8)返回到“定义投影”对话框,单击【确定】按钮,完成影像坐标系的定义。

(三)上交成果

本任务上交成果为 tif 格式的遥感影像地图,名称为“DOM_after.tif”,坐标系为 1980 西安坐标系 3°分带 34 号带。

五、注意事项

(1)在将地理配准工具条添加到窗口中，应先取消【地理配准】下拉菜单中的【自动校正】勾选状态。

(2)注意删除残差大于 RMS 总误差的控制点，或检查并修改错误的控制点坐标，以保证 RMS 总误差小于 1。

思考与拓展

1.在进行图像校正时，一次多项式、二次多项式、三次多项式、样条函数等不同的变换方法分别适用于什么情况？

2.在进行影像重采样时，最邻近法、双线性法、双三次卷积法各有哪些特点？

任务 2-2 数据层创建

一、任务描述

影像配准后，要进行数据采集，首先要确定需采集的地理信息内容，即确定矢量数据层和数据的属性结构。创建相应的数据层后，才能进行数据采集工作。

ArcGIS 中主要有 shapefile、Coverage 和 Geodatabase 三种矢量数据格式。一个 shape file 文件包括三个文件：一个主文件(*.shp)，一个索引文件(*.shx)和一个 dBASE(*.dbf)表。主文件是一个直接存取变长度记录的文件，其中每个记录描述构成一个地理特征(Feature)的所有节点的坐标值。在索引文件中，每条记录包含对应主文件记录距离主文件头开始的偏移量，dBASE 表包含 shp 文件中每一个 Feature 的特征属性，表中几何记录和属性数据之间的一一对应关系基于记录数目的 ID。在 dBASE 文件中的属性记录必须与主文件中的记录顺序相同。图形数据和属性数据通过索引号建立一一对应的关系。Coverage 的空间数据存储在二进制文件中，属性数据和拓扑数据存储在 INFO 表中，目录合并了二进制文件和 INFO 表，成为 Coverage 要素类。Geodatabase 是 ArcGIS 数据模型发展的第三代产物，是面向对象的数据模型，能够表示要素的自然行为和要素之间的关系。

本任务主要讲解 shapefile 及其属性定义的过程，以供数据采集及建库使用。

二、任务目标

熟悉 shapefile 的组织形式、ArcCatalog 模块的功能，学会使用 ArcCatalog 创建 shapefile，掌握 shapefile 属性结构的定义方法。

三、任务内容及要求

根据 TD/T 1016—2007《土地利用数据库标准》，以任务 2-1 中校正后的影像为底图，根据土地利用数据采集需要，创建 shapefile。

图层名称及各层要素如表 2-1 所示。

表 2-1 空间要素分层表

序号	图层名	几何特征	属性表名	约束条件	说明
1	线状地物	Line	XZDW	M	
2	地类界线	Line	DLJX	M	
3	地类标识	Point	DLBS	M	
4	地类图斑	Polygon	DLTB	M	

注:约束条件中 M 为必填属性,必须填写;O 为可填属性,存在即填,不存在不填。

各图层属性结构如表 2-2 至表 2-5 所示。

表 2-2 线状地物属性结构描述表(属性表名:XZDW)

序号	字段名称	字段类型	字段长度	小数位数	值域	约束条件	备注
1	地类编码	Char	4		见附录	M	
2	地类名称	Char	60			M	
3	长度	Float	15	1	>0	M	单位:m
4	宽度	Float	15	1	>0	M	单位:m
5	地物面积	Float	15	2	>0	M	单位:m^2

表 2-3 地类界线属性结构描述表(属性表名:DLJX)

序号	字段名称	字段类型	字段长度	小数位数	值域	约束条件	备注
1	要素代码	Char	10			M	

表 2-4 地类标识属性结构描述表(属性表名:DLBS)

序号	字段名称	字段类型	字段长度	小数位数	值域	约束条件	备注
1	地类编码	Char	4		见附录	M	
2	地类名称	Char	60		见附录	M	

表 2-5 地类图斑属性结构描述表(属性表名:DLTB)

序号	字段名称	字段类型	字段长度	小数位数	值域	约束条件	备注
1	地类编码	Char	4		见附录	M	
2	地类名称	Char	60		见附录	M	
3	面积	Float	15	2	>0	M	单位:m^2

将创建的图层投影信息定义为“Xian 1980 3 Degree GK Zone 34.prj”。

四、任务实施

(一)数据准备

路径	名称	格式	说明
项目二\任务 2-2\成果数据\	DOM_after	tif	某地区配准后的影像

(二)操作步骤

ArcCatalog 是地理数据的资源管理器,用户通过 ArcCatalog 组织、管理和创建 GIS 数据,并通过添加、删除和索引属性进行修改,也可以定义 shapefile 的坐标系统。当在 ArcCatalog 中改变 shapefile 的结构和特性时,必须使用 ArcMap 修改其要素和属性。

当创建一个新的 shapefile 时,必须定义它的要素类型,shapefile 创建之后,其几何特征不能被修改。如果选择了"以后定义 shapefile 的坐标系统",那么其坐标系统默认为"Unkown"。

1. 新建 shapefile

新建 shapefile 步骤如下:

(1)运行 ArcCatalog,在其左侧的目录树中,右键单击需要创建 shapefile 的文件夹(如任务 2-1),在弹出的快捷菜单中单击【新建】/【shapefile(s)】,如图 2-9 所示。

(2)打开"创建新 shapefile"对话框,设置文件名称和要素类型。要素类型可以通过下拉菜单选择点、折线(Polyline)、面、多点、多面体(MultiPatch)等要素类型。按任务内容,先创建名称为线状地物的线状图层,如图 2-10 所示。

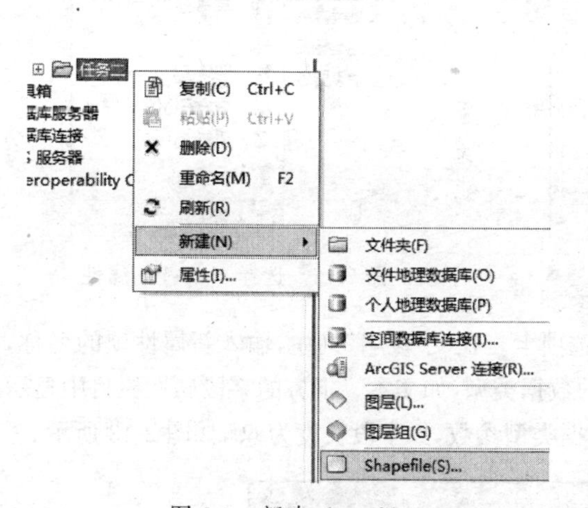

图 2-9　新建 shapefile

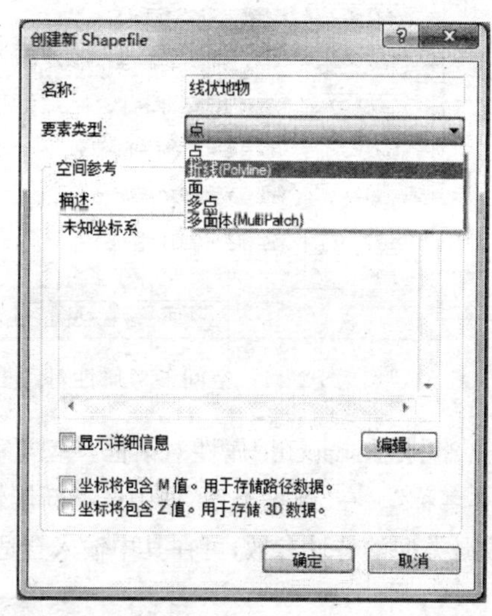

图 2-10　创建折线类型的线状地物图层

(3)单击【编辑】按钮,定义 shapefile 的坐标系统,打开空间参考属性对话框,如图 2-11 所示。

(4)单击【选择】按钮,选择"Projected Coordinate Systems"文件夹,选择 Gauss Kruger→Xian1980→Xian 1980 3 Degree GK Zone 34.prj。

(5)如果 shapefile 要存储表示路线的折线,那么勾选"坐标将包含 *M* 值。用于存储路径数据"。如果 shapefile 将存储三维要素,那么勾选"坐标将包含 *Z* 值。用于存储 3D 数据"。本任务不要求选中上述两个复选框,如图 2-10 所示。

(6)单击【确定】按钮,新的 shapefile 在文件夹中出现。

(7)重复步骤(1)至步骤(6),创建地类界线、地类标识、地类图斑层。

2. 添加和删除属性

在 ArcCatalog 中,可通过添加、删除属性项修改 shapefile 的结构。可以添加新的具有合适名称和数据类型的属性项,属性项的名称长度不得超过 10 个字符,多余的字符将被自动截去。shapefile 的 FID 和 Shape 列以及 dBASE 表的 OID 列不能删除,如果一个 shapefile 中的一条记录被删除,FID 会重新编号,其值会从 0 开始顺序递增。编号之间没有间隔,而自定义的属性是可以删除的。

在 ArcGIS 中添加属性字段步骤具体如下：

(1)在 ArcCatalog 目录树中，右键单击需要添加属性的 shapefile，单击【属性】，如图 2-12 所示。

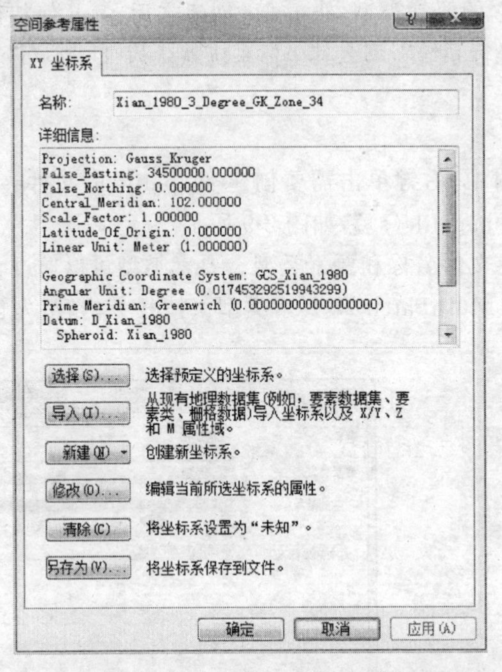

图 2-11　空间参考属性对话框

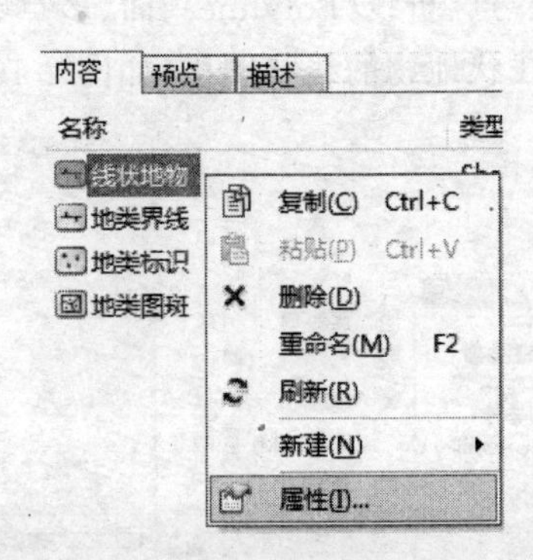

图 2-12　选择 shapefile 属性

(2)打开 shapefile 属性对话框，单击【字段】选项卡。在“字段名”列中，输入新属性项的名称，如“地类名称”。在“数据类型”列中选择新属性项的数据类型，如文本。下方的字段属性栏目中显示所选数据类型的特性参数，可在其中输入合适的数据类型参数，如字段长度为 60，如图 2-13 所示。

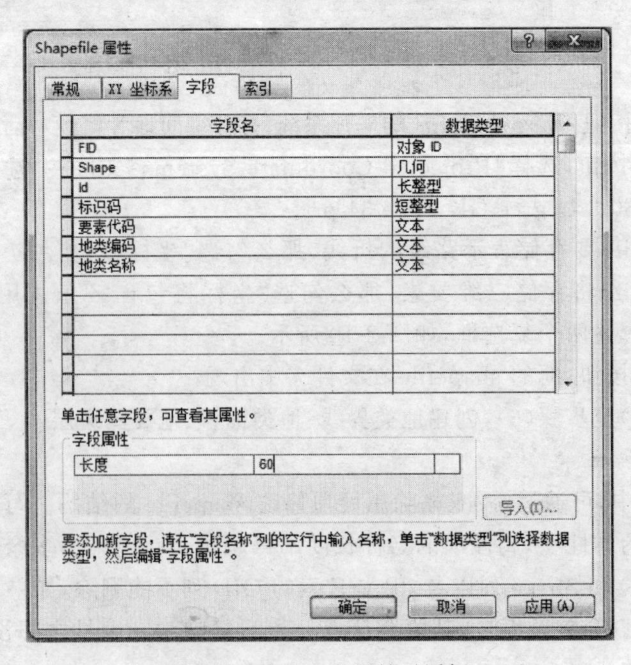

图 2-13　shapefile 属性对话框

(3)重复步骤(2),对线状地物、地类界线、地类图斑、地类标识的属性进行定义。

在 ArcGIS 中删除属性字段的操作为:在上述 shapefile 属性对话框中,选中需要删除的属性项,在键盘上按 Delete 键,删除所选属性项,单击【确定】按钮,即删除属性项。

(三)上交成果

本任务上交成果为 shapefile 格式的矢量数据层,图层名称及其属性结构参见表 2-1 至表 2-5。数据层坐标系为 1980 西安坐标系 3°分带 34 号带,每个图层数据文件应包括.shp、.dbf、.shx和.prj 四个文件。

五、注意事项

(1)在创建 shapefile 时,若不指定数据坐标系信息,则其空间参考默认为未知坐标系。

(2)如果在其他项目的数据中仍要使用这些图层及其属性结构,可在创建新 shapefile 对话框中选择导入按钮,选择已经定义好的数据层。

(3)空间参考属性对话框中的新建按钮常用于设定地方坐标系。

(4)在 shapefile 属性对话框关闭后,无法再次修改已定义的属性结构,如需修改,需先将原来定义的属性字段删除后重新输入。

(5)每个图层数据文件应包括.shp、.dbf、.shx 和.prj 四个文件。

思考与拓展

1.如图 2-9 所示,在新建命令下,可新建图层和 shapefile,这里的图层指的是什么?与 shapefile 相比,两者有何区别?

2.能否在 ArcMap 中定义字段的属性结构?

3.当数据类型为浮点型时,shapefile 属性对话框中的字段属性列表中显示了精度和比例两个选项,这里的精度和比例指的是什么?

任务 2-3　土地利用数据采集

一、任务描述

数据采集是将现有的地图、外业观测成果、航空像片、遥感影像、文本资料等转成计算机可以处理与接收的数字形式。图层创建完成后,就可以基于任务 2-1 中配准后的遥感影像进行土地利用数据采集。数据采集分为属性数据采集和图形数据采集,通常边采集图形边采集属性。在数据采集过程中难免会产生错误,有必要对采集的结果进行检查和修改。

二、任务目标

熟悉 ArcMap 图形绘制与编辑操作,掌握 ArcMap 中地图矢量化和属性编辑方法,熟悉土地利用调查数据采集规范和工作流程。

三、任务内容及要求

基于遥感影像,利用 ArcMap,完成土地利用数据的采集。掌握 ArcMap 的图形绘制与编辑、捕捉设置等基本操作,以及属性数据的编辑与计算功能。

要求所采集的图形数据与影像吻合,线形美观;采集的属性数据正确,属性赋值符合任务 2-2中表 2-2 至表 2-5 的有关要求,涉及地类代码、地类名称,可参考附录。

四、任务实施

1. 数据准备

路径	名称	格式	说明
项目二\任务 2-3\原始数据\	DOM_after	tif	某地区配准后的影像
项目二\任务 2-3\原始数据\	数据采集范围	shp	投影信息为"Xiao 1980 3 Degree GK Zone 34.prj"
项目二\任务 2-3\原始数据\	线状地物	shp	投影信息为"Xiao 1980 3 Degree GK Zone 34.prj"
项目二\任务 2-3\原始数据\	地类界线	shp	投影信息为"Xiao 1980 3 Degree GK Zone 34.prj"
项目二\任务 2-3\原始数据\	地类标识	shp	投影信息为"Xiao 1980 3 Degree GK Zone 34.prj"
项目二\任务 2-3\原始数据\	地类图斑	shp	投影信息为"Xiao 1980 3 Degree GK Zone 34.prj"

2. 操作步骤

(1)加载数据。在内容列表中【图层】处单击鼠标右键,在弹出的快捷菜单中单击【添加数据】,打开"添加数据"对话框,将"线状地物.shp"、"地类界线.shp"、"地类标识.shp"、"地类图斑.shp"、"数据采集范围.shp"及"DOM_after.tif"添加到列表中。

(2)在 ArcMap 内容列表中【图层】处单击鼠标右键,单击【激活】,再在图层处单击鼠标右键,单击【属性】,打开"数据框属性"对话框,选择【常规】选项卡;在单位栏目下,将地图单位设置为"米"。选择【坐标系】选项卡,在选择坐标系栏目下,单击"图层"文件夹,选择该图层下所加载的任一数据的坐标系信息作为数据框坐标系,如选择地类界线坐标系信息"Xian_1980_3_Degree_GK_Zone_34",如图 2-14 所示,单击【确定】,关闭数据框属性对话框。

(3)在标准工具栏上单击按钮,或在工具栏空白处单击鼠标右键,单击【编辑】,打开编辑工具条,如图 2-15 所示。

(4)单击【编辑器(R)】,选择【开始编辑】,使数据处于可编辑状态。单击按钮,ArcMap 右侧弹出"创建要素"对话框,其中包括可创建的图层和相应的构造工具。点对象构造工具有点、线末端的点,线对象构造工具有线、矩形、圆形、椭圆、手绘曲线,面对象构造工具有面、矩形、圆形、椭圆、手绘曲线、自动完成面等,可根据需要选取合适的工具进行图形构造,如图 2-16 所示。

(5)采集线状地物。图形采集时,选择"创建要素"对话框中的"线状地物"要素层,选择线为构造工具,以影像为基础,在数据视图窗口中,单击鼠标左键,选中采集要素起始点,不断单击鼠标左键,将图中宽度在 0.2～2 mm 的单线线状地物依次绘制出来,即河流、铁路、高速公路、国道、干渠、县级以上公路、农村道路、沟渠、林带以及管道,绘制一条完整的线状地物后,双击鼠标左键完成绘制。多条单线线状地物的采集要根据影像,以上述线状地物的排列顺序为主次,把主要的线状地物作为图斑界线调绘在准确的位置。

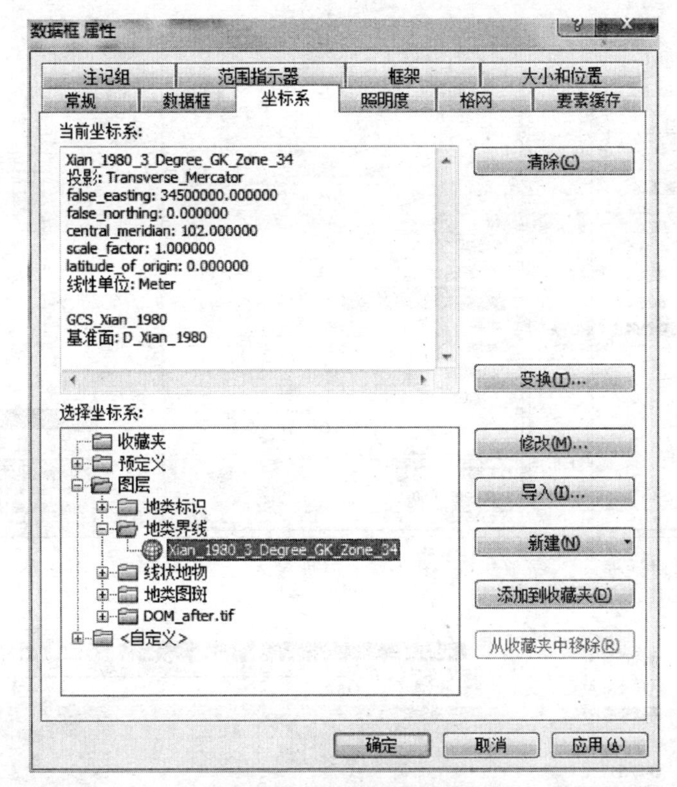

图 2-14　数据框属性对话框

图 2-15　编辑工具条

在采集图形数据的同时，进行属性数据的采集和录入。单击按钮，在图形窗口中选择需要编辑的要素，单击鼠标右键，单击【属性】，或者单击编辑工具条上的按钮，打开“属性”对话框，如图 2-17 所示。在“属性”对话框中输入地类编码和地类名称属性，如线状地物图层中的公路，地类编码输入“102”，地类名称输入“公路用地”。

对于线状地物的宽度，单击工具栏中的量测工具，打开“测量”对话框，单击长度量测工具，在影像上进行长度量测，在“测量”对话框内容列表中显示当前量测的线段、长度，将量测的长度结果编辑到该线状地物属性中，如图 2-18 所示。

对于线状地物的长度属性，可以在内容列表窗口中选择“线状地物”要素层，单击鼠标右键，单击【打开属性表】，打开线状地物要素层属性表。在属性表中选择“长度”字段，单击鼠标右键，单击【计算几何】，打开“计算几何”对话框，属性选项选择“长度”，坐标系选择使用数据源的坐标系，单位选择“米[m]”，单击【确定】按钮，完成“长度”字段的计算，如图 2-19 所示。

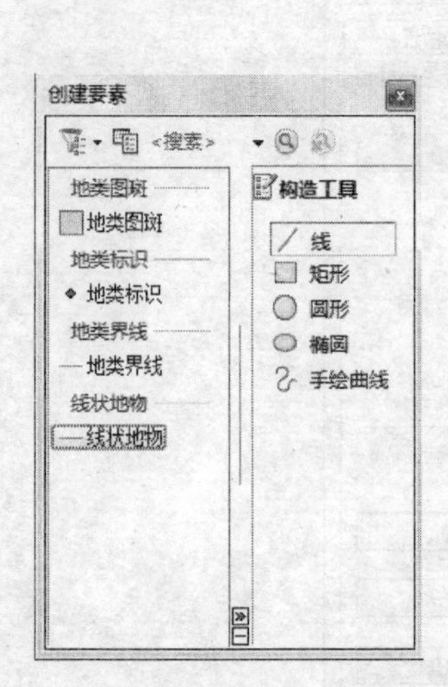

图 2-16 创建要素对话框

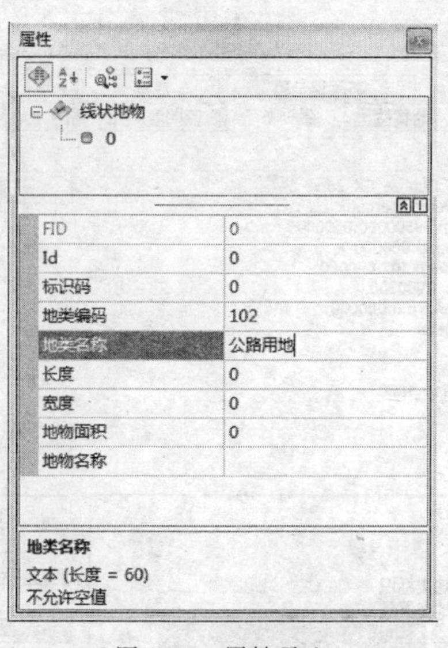

图 2-17 属性录入

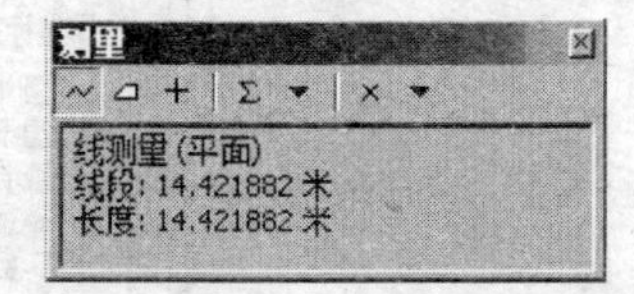

图 2-18 测量工具对话框

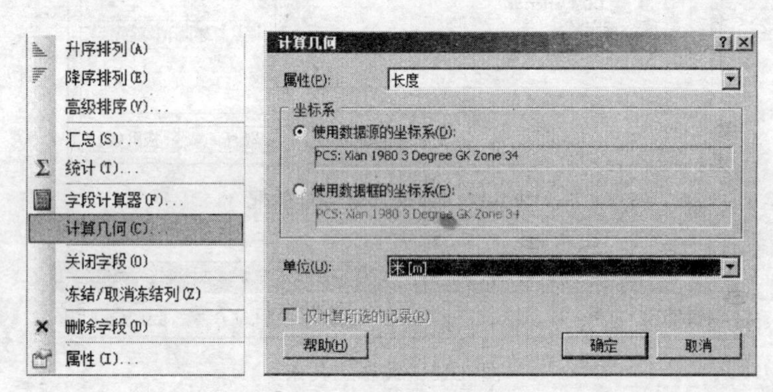

图 2-19 计算几何对话框

对于线状地物的地物面积属性,可在长度和宽度属性填写完成后,在内容列表窗口中选择"线状地物"要素层,单击鼠标右键,单击【打开属性表】,打开线状地物属性表。在属性表中选择"地物面积"字段,选择【字段计算器】,打开"字段计算器"对话框,在下面的代码窗口中输入"[长度] * [宽度]",单击【确定】按钮,完成"地物面积"字段的赋值。如图 2-20 所示。

(6)地类界线的采集。图形采集时,选择"创建要素"对话框中的"地类界线"要素层,选择线为构造工具,以影像为基础进行绘制。地类界线是用来划分图斑的重要要素层,图斑划分要根据 GB/T 21010—2007《土地利用现状分类》中的末级地类进行(见附录);如果线状地物实地调绘宽度在 20 m 以上,则要按照地类界线矢量化处理其边界。

图形采集完成后,在内容列表中"地类界线"要素层单击鼠标右键,在弹出的快捷菜单中依次单击选择【选择】/【全选】,选中所有地类界线数据,如图 2-21 所示。

单击编辑工具条中的属性▤工具,打开"属性"对话框,单击"地类界线",在"要素代码"中输入"2001040000",完成地类界线层"要素代码"属性的批量赋值。

(7)采集地类标识。图形采集时,选择"创建要素"对话框中的"地类标识"要素层,选择点为构造工具,以影像为基础,在地类界线与线状地物围成的图斑区域内进行绘制。属性采集时按附录所示内容，采集地类标识数据，并对其地类名称及地类编码属性进行赋值。在“属性”对话框中输入地类编码和地类名称属性。

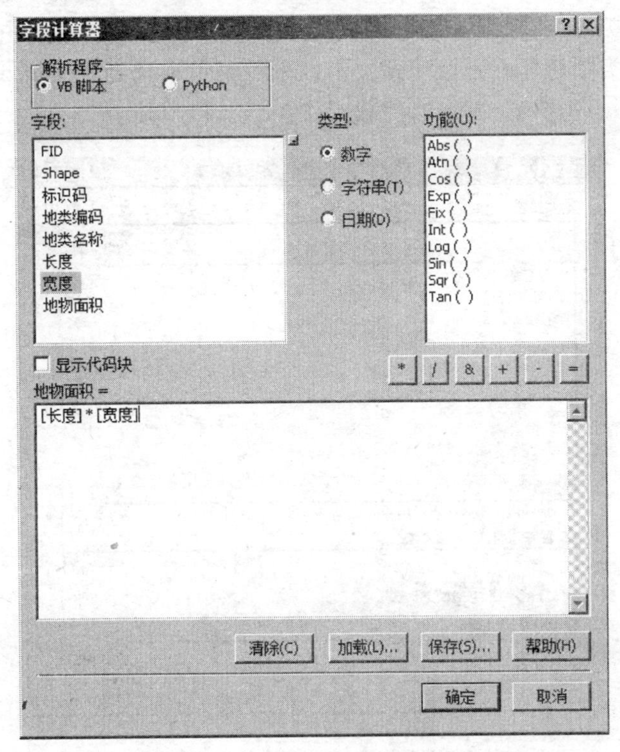

图 2-20　计算线状地物面积

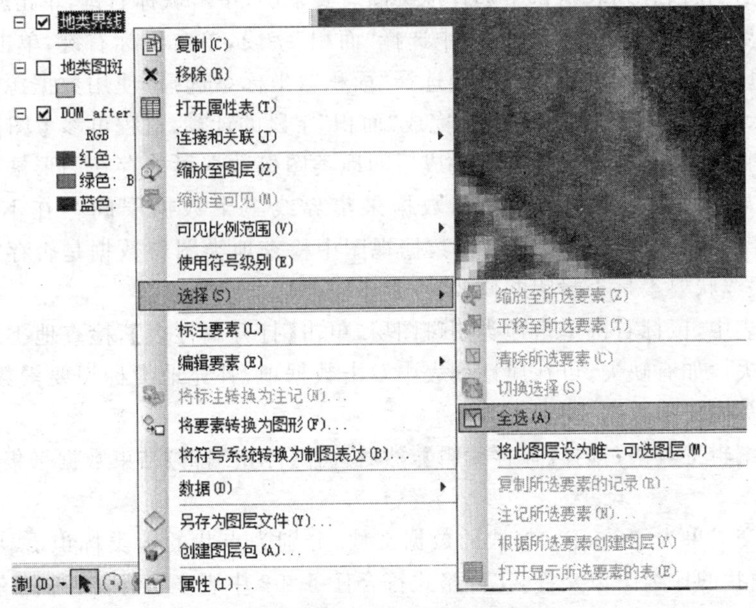

图 2-21　选取所有地类界线

(8)地类图斑的生成。单击按钮，打开 ArcToolbox，依次单击选择【数据管理工具】/【要素】，双击【要素转面】，弹出“要素转面”对话框，如图 2-22 所示。在输入要素文本框下拉菜单中选择线状地物、地类界线、数据采集范围，在输出要素文本框下拉菜单中更改数据目录，并将导出数据命名为“地类图斑”，在标注要素文本框下拉菜单中选择地类标识要素层，选中“保留属性(可选)”复选框，单击【确定】按钮，完成操作。

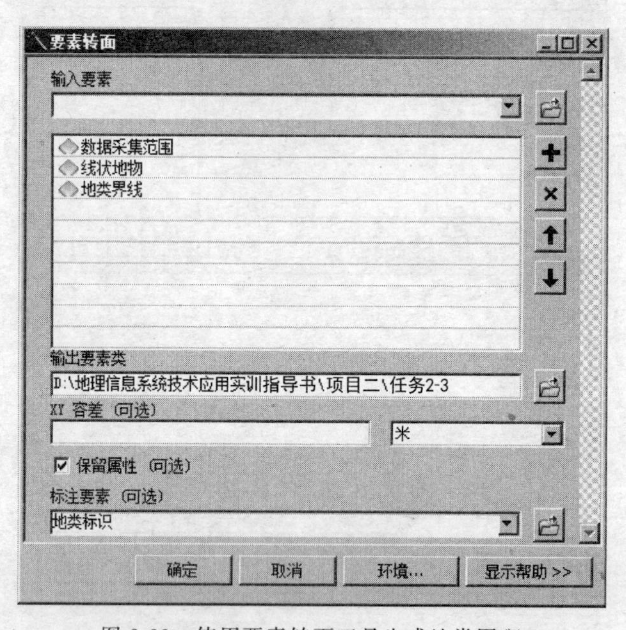

图 2-22 使用要素转面工具生成地类图斑

图斑生成后，在内容列表窗口中选择地类图斑要素层，单击鼠标右键，单击【打开属性表】，打开地类图斑要素层属性表。在属性表中选择“面积”字段，单击鼠标右键，单击【计算几何】，在弹出的“计算几何”对话框中，属性选项选择“面积”，坐标系选择“使用数据源的坐标系”，单位选择“平方米[m^2]”，单击【确定】按钮，完成“面积”字段的计算，过程可参考图 2-19。

(9)地类图斑层数据检查与处理。生成后的地类图斑数据可能存在图形缺失或属性丢失两种情况。如果地类界线、线状地物与数据采集界线三个数据层间存在不闭合现象，在 ArcMap 中加载生成的地类图斑图层，在数据视图中检查地类图斑数据是否存在缺失。如有缺失，检查相关线状要素是否封闭并修改，重复步骤(8)。

在内容列表中，鼠标右键单击地类图斑图层，单击【打开属性表】，检查地类编码或地类名称属性是否缺失。如有缺失，可在属性列表中双击数据项，补充地类标识要素数据，并重复步骤(8)，直至地类图斑层数据完整。

(10)单击编辑工具条，选择【保存编辑】，然后选择【停止编辑】结束数据采集任务。

3. 上交成果

本任务上交成果为 shapefile 格式的数据文件，分别为点状的地类标识、线状的线状地物和地类界线、面状的地类图斑文件，文件格式符合任务 2-2 中表 2-2 至表 2-5 的有关要求，且与影像“DOM_after.tif”相吻合，坐标系为 1980 西安坐标 3°分带 34 号带。

五、注意事项

（1）在图形采集过程中要注意打开捕捉功能。选择编辑菜单下的捕捉命令，或在工具栏空白处单击鼠标右键，打开捕捉工具条进行捕捉设置，如图 2-23 所示。工具栏中◈表示交点捕捉、△表示中点捕捉、Ơ表示切线捕捉、○表示点捕捉、⊞表示端点捕捉、□表示折点捕捉、◫表示边捕捉。如图 2-24 所示，构造第二条公路线状地物时先打开捕捉，单击构造工具中的线，当鼠标停靠在第一条线上时，会显示出捕捉的类型，如端点、线、中点等。

（2）构造线要素过程中，ArcMap 会弹出构造要素工具。该工具提供了约束平行、约束直角、追踪直角、中点、交叉点等功能，可根据矢量化时的情况选取合适的要素构造方法。

（3）居民地绘制应以影像为底图，尽量采用直角边进行图形数据采集，采集的居民地边界应尽量减少节点，如图 2-25 所示。居民地内部除高速公路及省级以上公路外的道路、行道树等地物类别应包括在居民地图斑内，不进行采集。

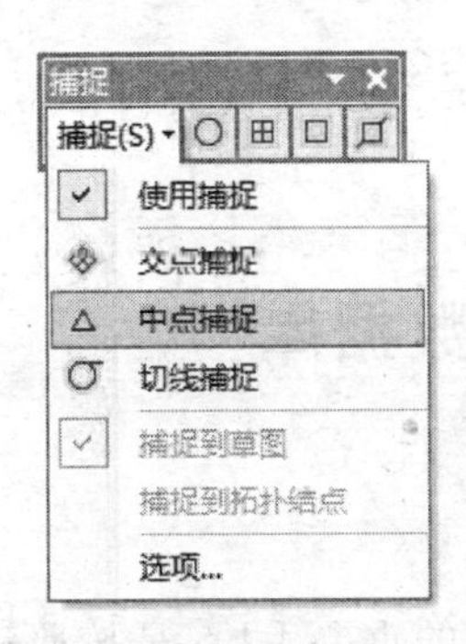

图 2-23　捕捉工具条

图 2-24　编辑草图状态下的图形捕捉

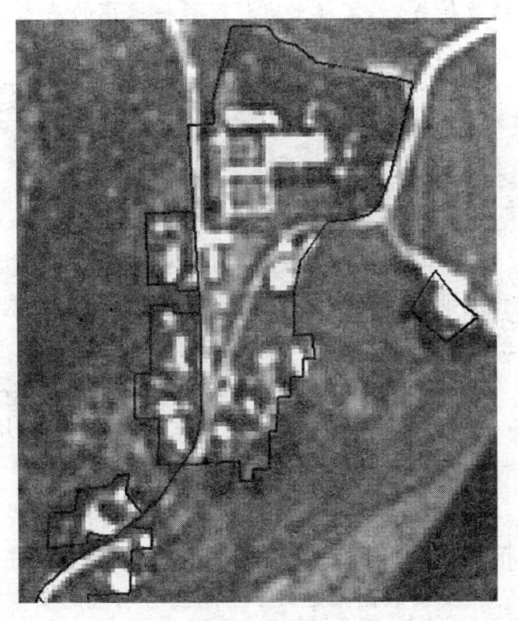

图 2-25　居民地数据的图形采集

思考与拓展

1. 在采集线状地物要素时，为什么要按照河流、铁路、高速公路、国道、干渠、县级以上公路、农村道路、沟渠、林带以及管道的顺序依次进行？

2. 采集数据时，为什么按照线状地物、地类界线、地类标识、地类图斑的顺序依次进行？

3. 如果生成的地类图斑没有覆盖整个数据采集范围，如何查错？需进行怎样的处理？

4. 如果生成的地类图斑没有地类编码及地类名称属性，导致其属性缺失的原因可能有哪些？

项目三　土地利用数据入库

[项目概述]

随着我国社会经济的发展,国土部门的业务工作及范围不断扩大,原有的靠手工操作、图纸管理的模式已经不能满足土地管理工作信息化的要求。随着地理信息系统技术的广泛应用和"数字国土"工程的不断深入,借助GIS软件工具,建立土地利用数据库,对提高土地管理工作的信息化、科学化、规范化以及实现国土资源共享具有重要的意义。本项目运用空间数据管理的相关知识,以土地利用数据库生产项目为载体,介绍地理空间数据库的创建方法,包括创建土地利用数据库、拓扑关系创建与编辑两个任务。

[学习目标]

理解地理空间数据管理的基本原理,掌握空间数据库创建、拓扑关系的创建和拓扑编辑与修改等技能,掌握土地利用数据建库的基本方法和工作流程。

任务3-1　创建土地利用数据库

一、任务描述

空间数据库是实现GIS对空间数据的组织、管理与分析的重要手段,是按照一定的模型和规则组合起来的存储空间数据和属性数据的容器。ArcGIS中的地理数据库是按照层次型的数据对象组织地理数据的,这些数据对象包括对象类、要素类和要素数据集。

对象类是存储非空间数据的表格。在Geodatabase中,对象类是一种特殊的类,被组织到一个要素数据集中。它没有空间特征,如某块地的主人。在"地块"和"主人"之间,可以定义某种关系。

要素类是具有相同几何类型和属性的要素的集合,即同类空间要素的集合,如河流、道路、植被、用地、电缆等。要素类之间可以独立存在,也可具有某种关系。

要素数据集是共享空间参考系统的要素类的集合,即一组具有相同空间参考的要素类的集合。

为方便对土地利用数据进行组织、管理与分析,需要将采集好的土地利用数据存储在空间数据库中。本任务主要学习如何在个人地理数据库(Personal Geodatabase)中创建要素并定义其属性。

二、任务目标

熟悉个人地理数据库的组织形式;学会使用ArcCatalog模块创建空间数据库,并在空间数据库中定义要素层、定义要素属性;掌握向已有数据库导入数据的方法。

三、任务内容及要求

创建名称为“土地利用”的个人地理数据库，在数据库中定义名称为“土地利用”的要素数据集，设置其拓扑容差为0.001 m。在数据库中定义线状地物图层，其属性结构如表2-2所示，将任务2-2中完成的线状地物数据复制到数据库中，将任务2-2中的地类界线、地类标识、地类图斑数据导入到数据库中。

四、任务实施

(一)数据准备

路径	名称	格式	说明
项目三\任务3-1\原始数据\	线状地物	shp	投影信息为“Xiao 1980 3 Degree GK Zone 34.prj”
项目三\任务3-1\原始数据\	地类界线	shp	投影信息为“Xiao 1980 3 Degree GK Zone 34.prj”
项目三\任务3-1\原始数据\	地类标识	shp	投影信息为“Xiao 1980 3 Degree GK Zone 34.prj”
项目三\任务3-1\原始数据\	地类图斑	shp	投影信息为“Xiao 1980 3 Degree GK Zone 34.prj”

(二)操作步骤

1. 建立个人地理数据库

运行ArcCatalog 10，单击“...\项目三\任务3-1\成果数据”文件夹，在文件夹上单击鼠标右键，在弹出的快捷菜单中依次单击选择【新建】/【个人地理数据库】，将数据库命名为“土地利用”，如图3-1所示。

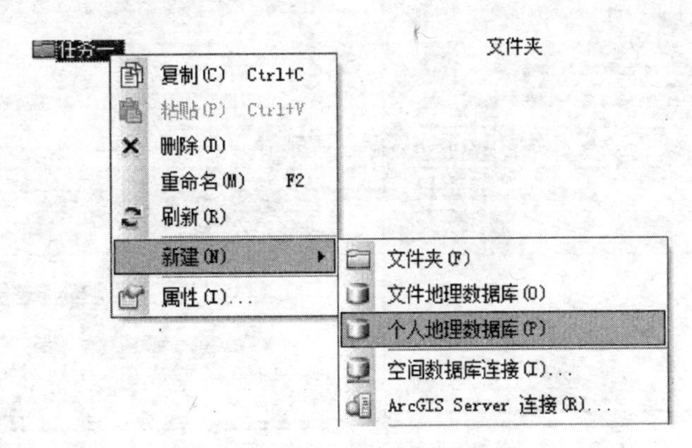

图3-1　新建个人地理数据库

2. 建立要素数据集

个人地理数据库包括对象类、要素类和要素数据集。要素数据集是共享空间参考系统的要素类的集合，且只有在要素数据集中才可以构建拓扑。因此，创建数据库后应创建要素数据集。

(1)在ArcCatalog目录树中，在新建的土地利用地理数据库上单击鼠标右键，在弹出的快捷菜单中依次单击选择【新建】/【要素数据集】，在弹出的对话框中对数据集命名为“土地利用”,如图 3-2 所示。单击【下一步】,打开“新建要素数据集”对话框。

(2)在“新建要素数据集”对话框中,单击【导入】,选择“...\项目三\任务 3-1\原始数据”中的任一 shapefile,名称文本框属性会更新为“Xian_1980_3_Degree_GK_Zone_34”,如图 3-3 所示。

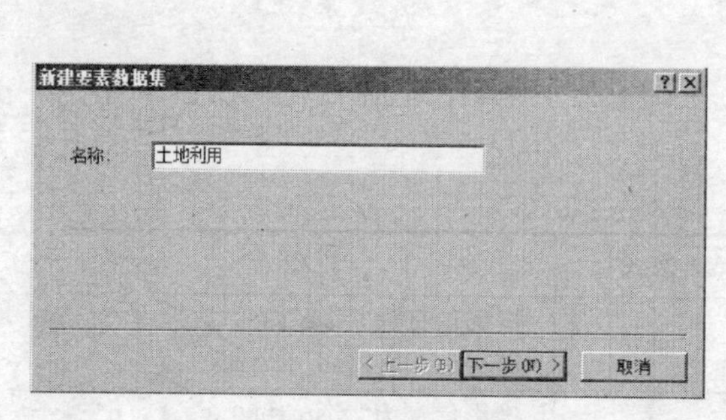

图 3-2 新建要素数据集对话框

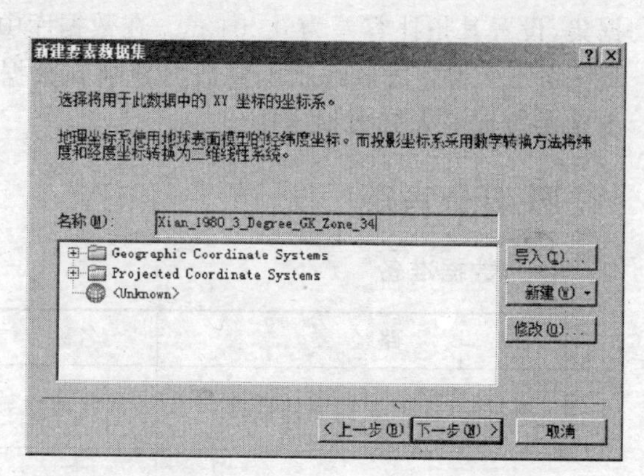

图 3-3 *XY* 坐标系设置对话框

(3)单击【下一步】进入 *Z* 坐标系设置对话框,选择“None”,如图 3-4 所示。单击【下一步】,进入“容差设置”对话框,如图 3-5 所示。

(4)*XY* 容差指坐标之间的最小距离,如果坐标之间的距离在此范围内,则被视为同一坐标。将 *XY* 容差设置为 0.001 Meter,*Z* 容差设置为 0.001,*M* 容差设置为 0.001 未知单位,勾选“接受默认分辨率和属性域范围(推荐)”选项。单击【完成】按钮,即完成要素数据集的创建,如图 3-5 所示。

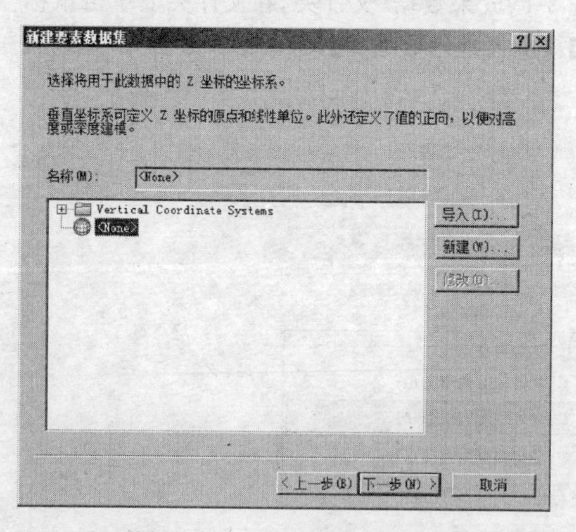

图 3-4 *Z* 坐标系设置对话框

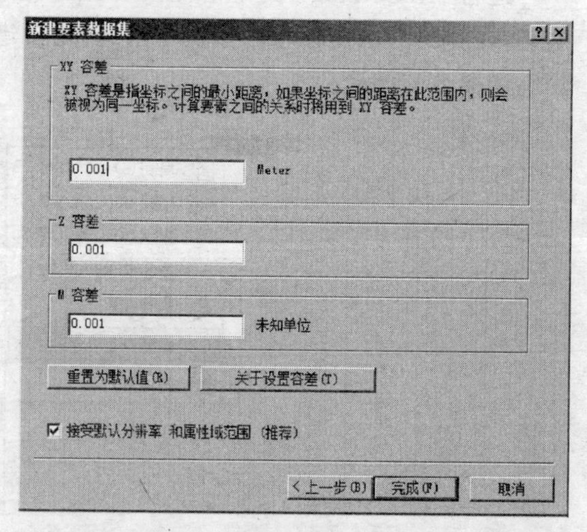

图 3-5 容差设置对话框

3. 建立线状地物要素类

(1)在 ArcCatalog 目录树中,在建立的土地利用要素数据集上单击鼠标右键,在弹出的快捷菜单中依次单击选择【新建】/【要素类】,如图 3-6 所示。

(2)打开“新建要素类”对话框,如图 3-7 所示。在名称文本框中输入“线状地物”,在别名文本框中输入“线状地物”,别名是对名称的描述。在类型选项组选择“线要素”。

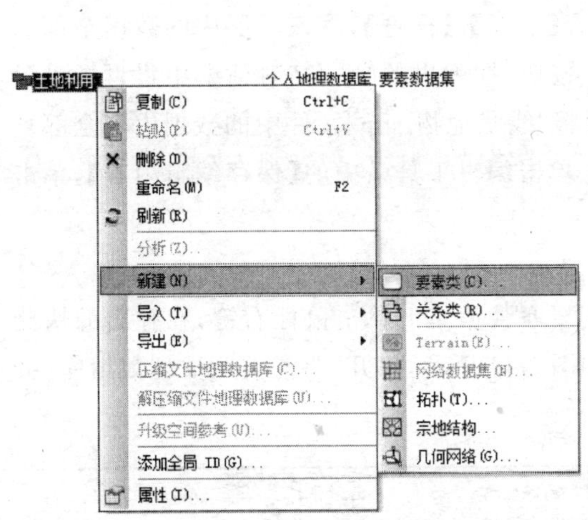

图 3-6　在要素数据集中建立要素类

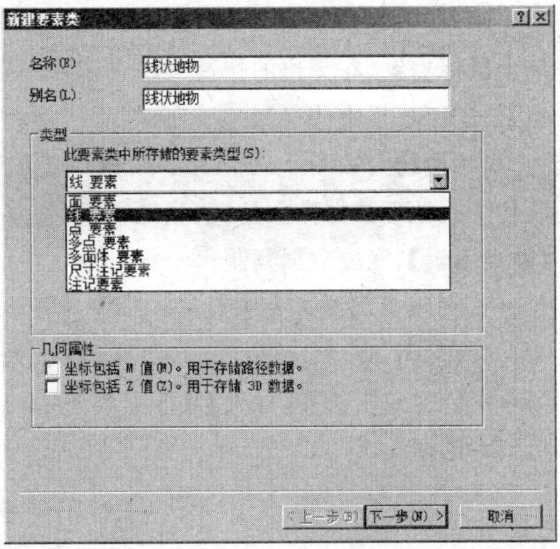

图 3-7　创建线状地物要素类

(3)单击【下一步】按钮，打开要素类字段名及其类型与属性输入的对话框。在简单要素类中，OBJECTID 和 SHAPE 字段是必需字段，OBJECTID 是要素的 ID，SHAPE 是要素的几何形状，如点、线、多边形等。按表 2-2 的要求，输入“地类编码”字段，允许空值选项设置为“否”，“数据类型”选择“文本”，“长度”设置为“4”。其他字段采用导入的方式输入，单击【导入】命令，选择“...\项目三\任务 3-1\原始数据/线状地物.shp”，如图 3-8 所示。

(4)单击 ArcCatalog 工具栏上的按钮，打开 ArcMap，加载“...\项目三\任务 3-1\原始数据/线状地物.shp”，以及在土地利用要素集中新建的线状地物要素。单击编辑工具条，选择【开始编辑】，在编辑源内容中选择类型为“个人地理数据库”的线状地物要素层，如图 3-9 所示。

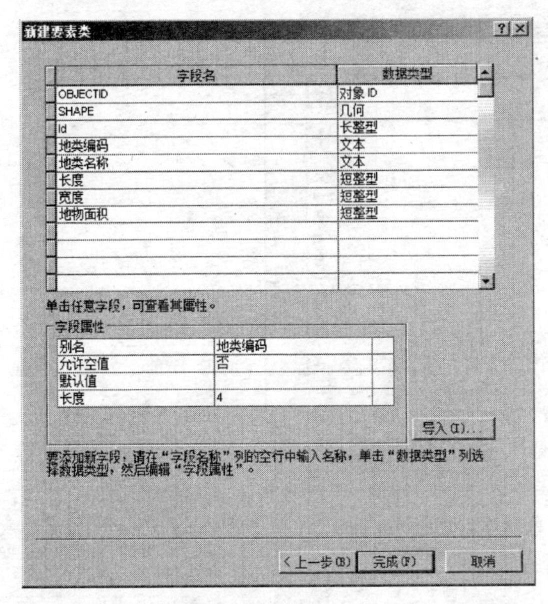

图 3-8　设置和导入线状地物要素属性结构

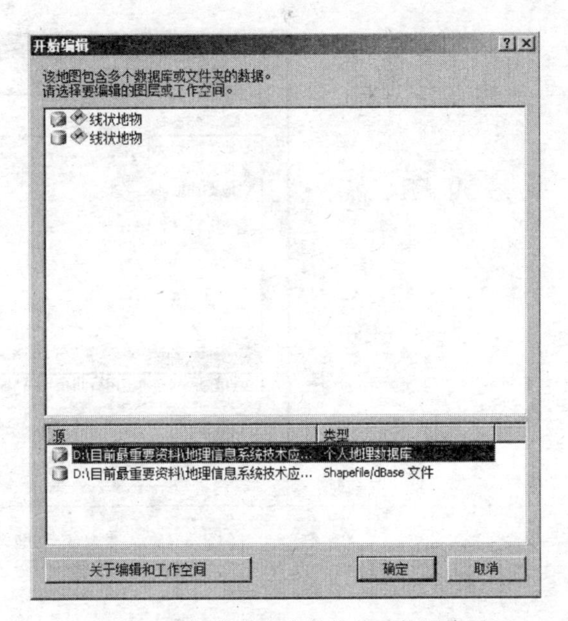

图 3-9　编辑数据库中的线状地物要素层

(5)在内容列表中,选择按源列出。选择从中原始数据文件夹加载“线状地物.shp”图层,单击鼠标右键,在弹出的快捷菜单中依次单击选择【选择】/【全选】,将该图层中的数据全部选中,单击工具栏中的复制按钮,然后单击粘贴按钮,在弹出的“粘贴”对话框中将目标设置为“线状地物”,如图 3-10 所示,单击【确定】,即可将“线状地物.shp”文件中的数据内容全部复制到个人地理数据库中的“线状地物”要素层内。单击编辑工具条中的【保存编辑内容】,单击【停止编辑】,完成数据复制。

4. 向地理数据库导入数据

(1)关闭 ArcMap,在 ArcCatalog 中土地利用要素数据集上单击鼠标右键,在弹出的快捷菜单中依次单击选择【导入】/【要素类(多个)】,如图 3-11 所示,打开“要素类至地理数据库(批量)”对话框。

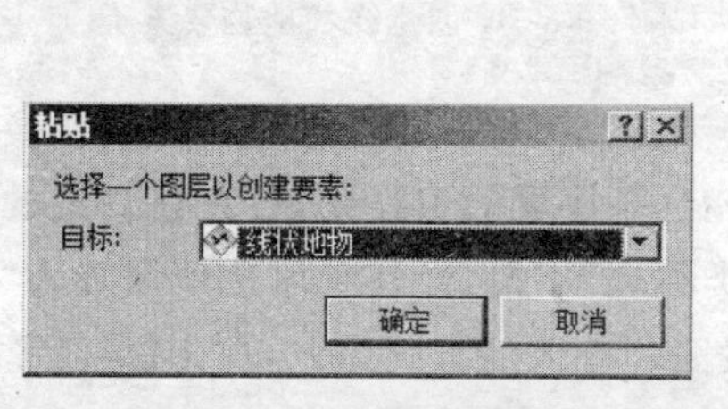

图 3-10 要素粘贴对话框

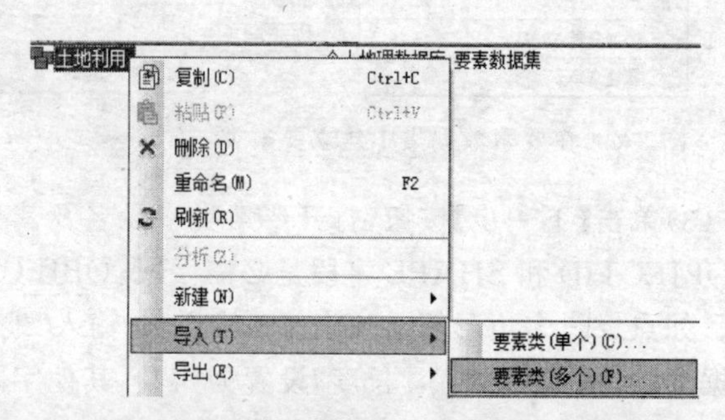

图 3-11 导入要素

(2)在输入要素文本框中单击打开按钮,选择“...\项目三\任务 3-1\原始数据”文件夹下的“地类界线.shp”、“地类标识.shp”、“地类图斑.shp”,单击【确定】,将 shapefile 导入到个人地理数据库中,如图 3-12 所示。

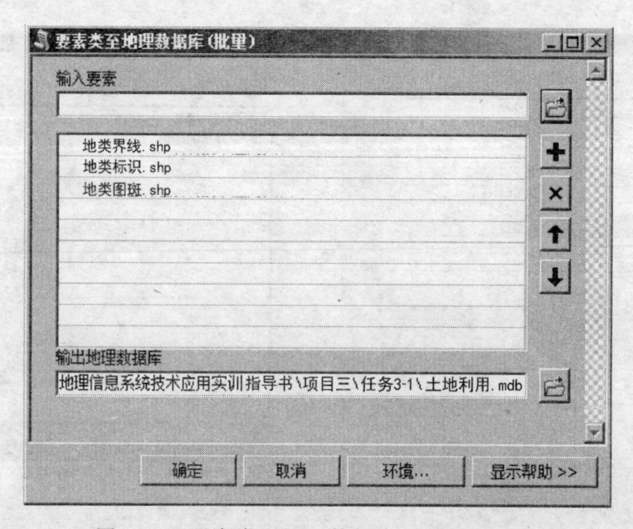

图 3-12 要素类至地理数据库(批量)对话框

五、注意事项

(1)在将“线状地物.shp”复制到个人地理数据库中的“线状地物”要素层时,注意选择编辑数据源为“个人地理数据库”。

(2)向个人地理数据库导入数据前需将该数据库调整为空闲状态。

思考与拓展

1. 本任务中创建好的要素层,其空间参考是什么? XY 容差设置的依据是什么?

2. 本任务是在要素数据集处进行 shapefile 导入,能否对 shape file 图层进行操作,选择要导入的数据库来进行数据导入?

任务 3-2　拓扑关系创建与编辑

一、任务描述

空间拓扑关系描述的是基本的空间目标点、线、面之间的邻接、关联和包含关系。GIS 传统的基于矢量数据结构的节点-弧段-多边形,用于描述地理实体之间的连通性、邻接性和区域性。空间数据的拓扑关系验证是查找空间数据中错误空间关系的必要手段,且对数据处理和空间分析具有重要的意义。因此,对入库后的数据还需要进行拓扑关系的创建与修改。

二、任务目标

进一步理解空间拓扑的基本概念及几种典型空间拓扑关系的应用;学会使用 ArcGIS 拓扑编辑工具处理拓扑错误;能够根据任务需要选取正确的拓扑关系;掌握创建要素数据集拓扑关系的方法和流程。

三、任务内容及要求

创建线状地物、地类界线、地类标识、地类图斑之间的拓扑关系,其拓扑容差为 0.001 m,检查四个图层之间的空间关系是否正确并进行修改。

根据《土地利用数据库标准》,四个图层之间的空间关系应满足以下条件:

(1)地类标识必须被地类图斑所包含。

(2)地类图斑必须包含地类标识。

(3)线状地物不能自相交。

(4)线状地物必须为单一部分。

(5)地类界线不能自相交。

(6)地类界线必须为单一部分。

(7)线状地物和地类界线不能存在重叠部分。

(8)线状地物必须被地类图斑的边界覆盖。

(9)地类界线必须被地类图斑的边界覆盖。

四、任务实施

(一)数据准备

路径	名称	格式	说明
项目三\任务 3-2\原始数据\土地利用.mdb\	线状地物	矢量要素类	投影信息为“Xiao 1980 3 Degree GK Zone 34.prj”
项目三\任务 3-2\原始数据\土地利用.mdb\	地类界线	矢量要素类	投影信息为“Xiao 1980 3 Degree GK Zone 34.prj”
项目三\任务 3-2\原始数据\土地利用.mdb\	地类标识	矢量要素类	投影信息为“Xiao 1980 3 Degree GK Zone 34.prj”
项目三\任务 3-2\原始数据\土地利用.mdb\	地类图斑	矢量要素类	投影信息为“Xiao 1980 3 Degree GK Zone 34.prj”

(二)操作步骤

1. 创建拓扑

(1)在 ArcCatalog 树中,右键单击“土地利用”要素数据集,在弹出的快捷菜单中依次单击选择【新建】/【拓扑】,如图 3-13 所示。打开“新建拓扑”对话框,如图 3-14 所示。

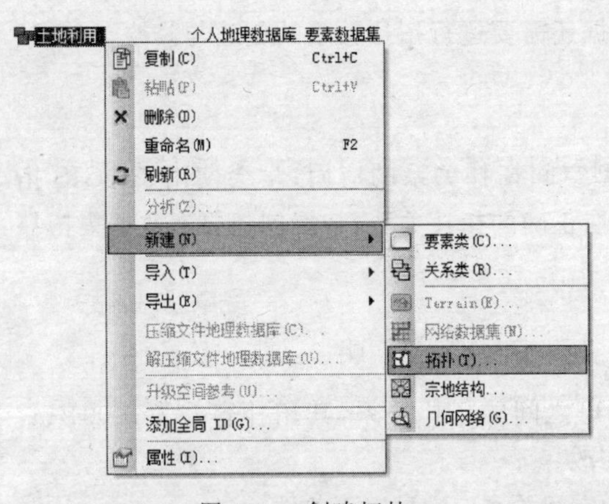

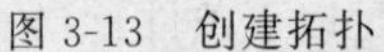
图 3-13 创建拓扑

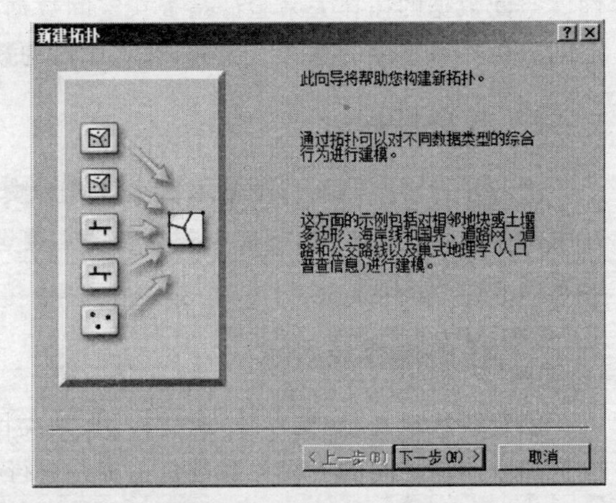

图 3-14 新建拓扑对话框

(2)单击【下一步】按钮,在弹出的对话框中输入拓扑名称“土地利用_Topology”,输入拓扑容差为 0.001 m,如图 3-15 所示。

(3)单击【下一步】按钮,打开选择参与创建拓扑的要素类对话框,单击【全选】按钮,选中所有要素,如图 3-16 所示。

(4)单击【下一步】按钮,打开设置拓扑等级数目对话框,如图 3-17 所示。设置拓扑等级的数目及拓扑中每个要素类的等级。设置拓扑等级为两级,其中地类标识、地类界线、线状地物为 1 级,地类图斑为 2 级。即当修改拓扑错误时,地类图斑的边线向地类界线与线状地物移动。单击【下一步】按钮,打开指定拓扑规则对话框,如图 3-18 所示。

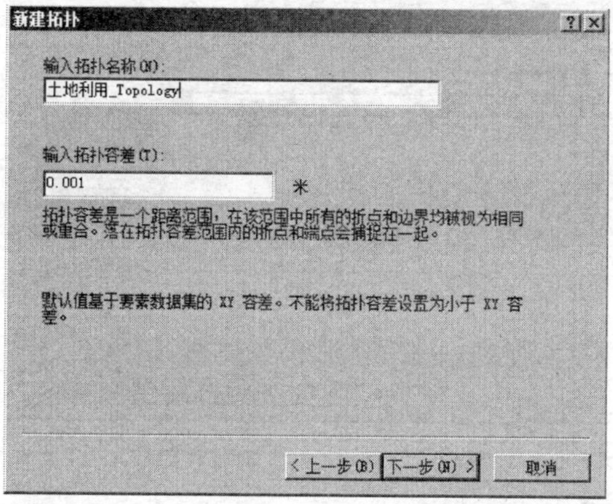

新建拓扑
输入拓扑名称(N):
土地利用_Topology
输入拓扑容差(T):
0.001
米
拓扑容差是一个距离范围，在该范围中所有的折点和边界均被视为相同或重合。落在拓扑容差范围内的折点和端点会捕捉在一起。
默认值基于要素数据集的 XY 容差。不能将拓扑容差设置为小于 XY 容差。
< 上一步(B)
下一步(N) >
取消

图 3-15　输入拓扑名称和拓扑容差

新建拓扑
选择要参与到拓扑中的要素类(F):
地类标识
地类界线
线状地物
地类图斑
全选(S)
全部清除(C)
< 上一步(B)
下一步(N) >
取消

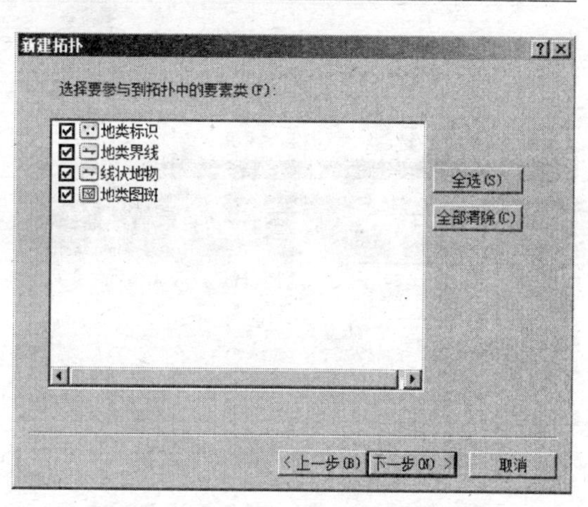

图 3-16　选择参与创建拓扑的要素类

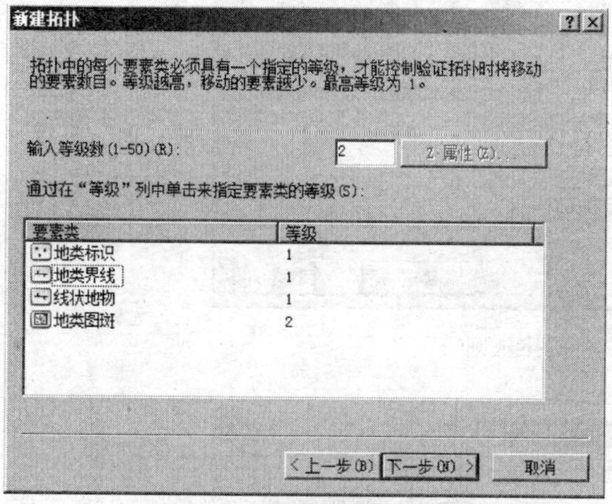

新建拓扑
拓扑中的每个要素类必须具有一个指定的等级，才能控制验证拓扑时将移动的要素数目。等级越高，移动的要素越少。最高等级为 1。
输入等级数(1-50)(R):
2
Z 属性(Z)...
通过在“等级”列中单击来指定要素类的等级(S):
要素类
等级
地类标识
1
地类界线
1
线状地物
1
地类图斑
2
< 上一步(B)
下一步(N) >
取消

图 3-17　设置拓扑等级数目

新建拓扑
指定拓扑规则(U):
要素类
规则
要素类
添加规则(A)...
移除(R)
全部移除(M)
加载规则(L)...
保存规则(S)...
< 上一步(B)
下一步(N) >
取消

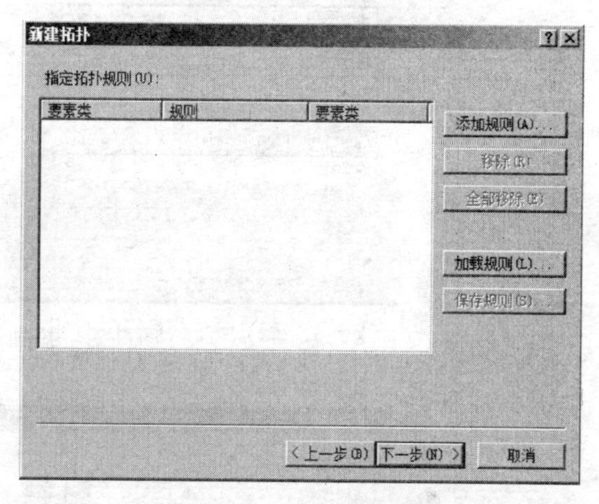

图 3-18　指定拓扑规则

(5)单击【添加规则】按钮，打开“添加规则”对话框，在“要素类的要素”下拉框中选择“地类标识”，在“规则”下拉框中选择“必须完全位于内部”，在“要素类”下拉框中选择“地类图斑”，勾选“显示错误”，如图 3-19 所示。该项操作定义“地类标识中的点要素必须完全位于地类图斑中的面要素内，未在面要素内的任何标识点都是错误的”。单击【确定】按钮，返回指定拓扑规则对话框，显示已经创建了一个规则，如图 3-20 所示。

(6)单击【添加规则】按钮，打开“添加规则”对话框，在“要素类的要素”下拉框中选择“地类图斑”，在“规则”下拉框中选择“必须包含一个点”，在“要素类”下拉框中选择“地类标识”，勾选“显示错误”，如图 3-21 所示。该项操作定义“地类图斑中的面要素必须完全包含地类标识中的点要素，任何未完全包含点要素的面要素都是错误的，未完全位于某一面要素内的任何点都是错误的”。单击【确定】按钮，返回指定拓扑规则对话框。

(7)单击【添加规则】按钮，打开“添加规则”对话框，在“要素类的要素”下拉框中选择“线状地物”，在“规则”下拉框中选择“不能自相交”，勾选“显示错误”，如图 3-22 所示。该项操作定义“线状地物中的线要素不能自相交，任何存在要素自重叠的线或是要素自相交的点都是错误的”。单击【确定】按钮，返回指定拓扑规则对话框。

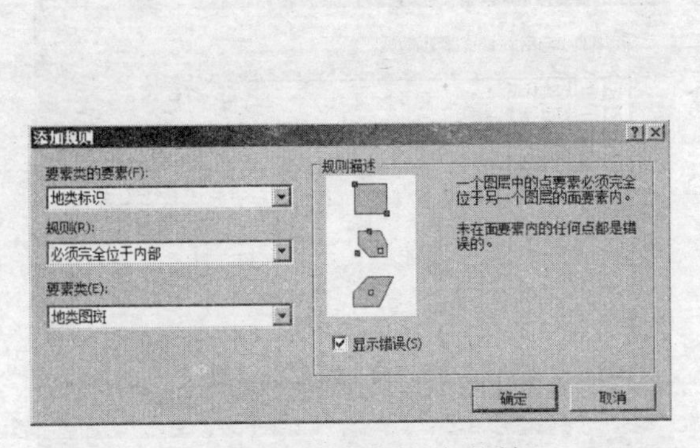

图 3-19 添加拓扑规则对话框

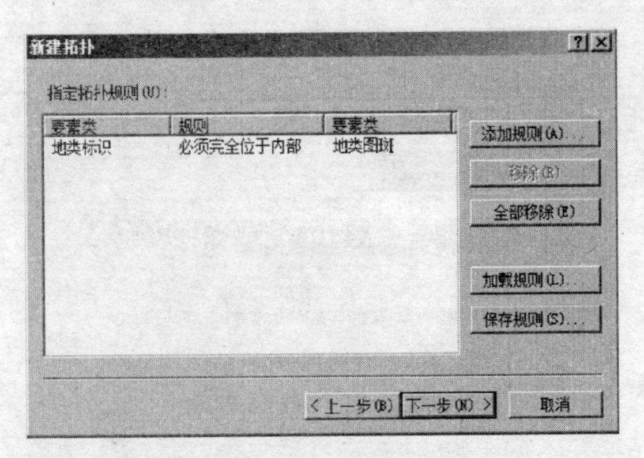

图 3-20 指定拓扑规则对话框

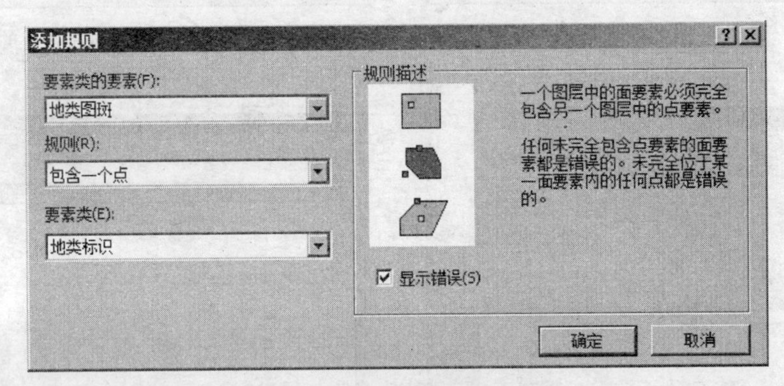

图 3-21 添加第二个拓扑规则

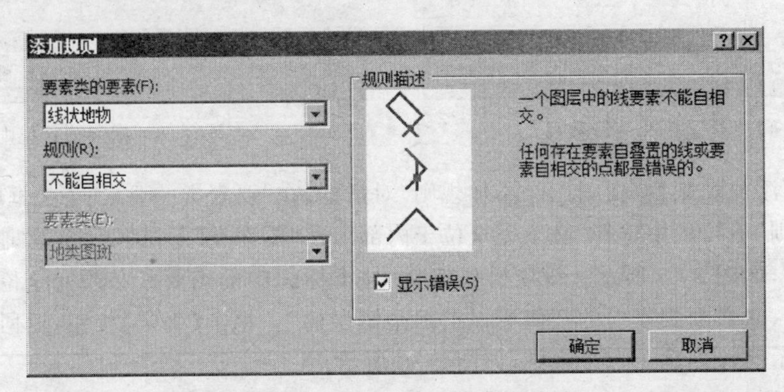

图 3-22 添加第三个拓扑规则

(8)单击【添加规则】按钮，打开“添加规则”对话框，在“要素类的要素”下拉框中选择“线状地物”，在“规则”下拉框中选择“必须为单一部分”，勾选“显示错误”，如图 3-23 所示。该项操作定义了“线状地物中的线要素不能具有一个以上的构成部分，任何超过一个构成部分的线要素都是错误的”。单击【确定】按钮，返回指定拓扑规则对话框。

(9)单击【添加规则】按钮，打开“添加规则”对话框，在“要素类的要素”下拉框中选择“地类界线”，在“规则”下拉框中选择“不能自相交”，勾选“显示错误”，如图 3-24 所示。该项操作定义“地类界线中的线要素不能自相交，任何存在要素自重叠的线或是要素自相交的点都是错误的”。单击【确定】按钮，返回指定拓扑规则对话框。

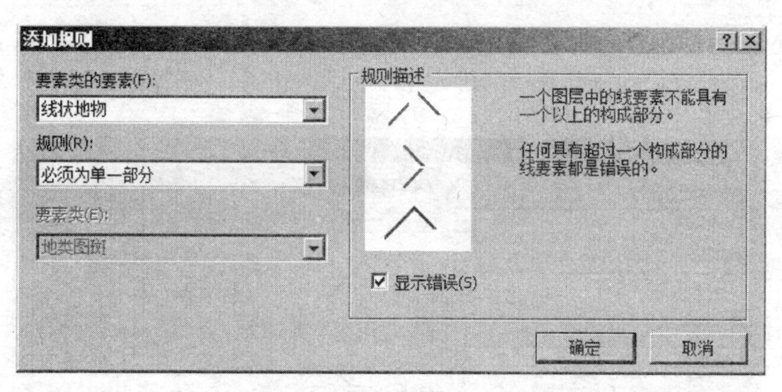

图 3-23　添加第四个拓扑规则

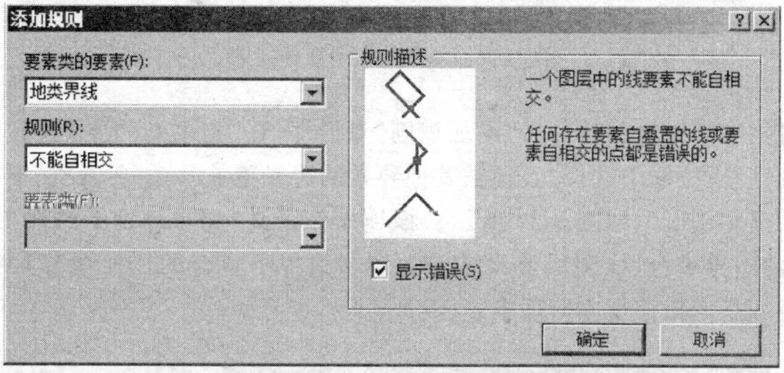

图 3-24　添加第五个拓扑规则

(10)单击【添加规则】按钮,打开“添加规则”对话框,在“要素类的要素”下拉框中选择“地类界线”,在“规则”下拉框中选择“必须为单一部分”,勾选“显示错误”,如图 3-25 所示。该项操作定义“地类界线中的线要素不能具有一个以上的构成部分,任何超过一个构成部分的线要素都是错误的”。单击【确定】按钮,返回指定拓扑规则对话框。

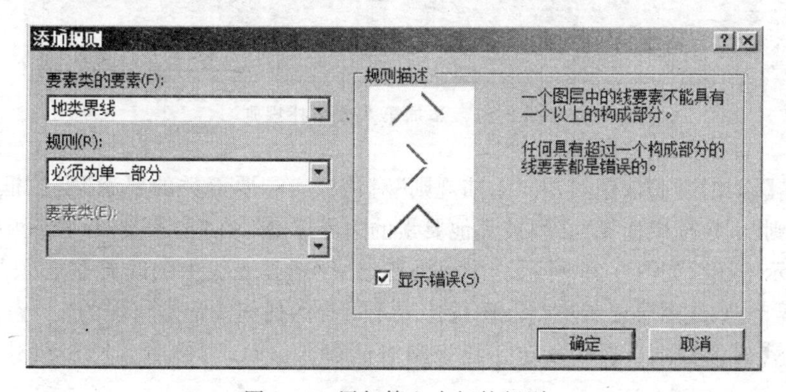

图 3-25　添加第六个拓扑规则

(11)单击【添加规则】按钮,打开“添加规则”对话框,在“要素类的要素”下拉框中选择“线状地物”,在“规则”下拉框中选择“不能与其他要素重叠”,在“要素类”下拉框中选择“地类界线”,勾选“显示错误”,如图 3-26 所示。该项操作定义“线状地物中的线要素不能与地类界线中的线要素重叠,两个图层中重叠处的任何线都是错误的”。单击【确定】按钮,返回指定拓扑规则对话框。

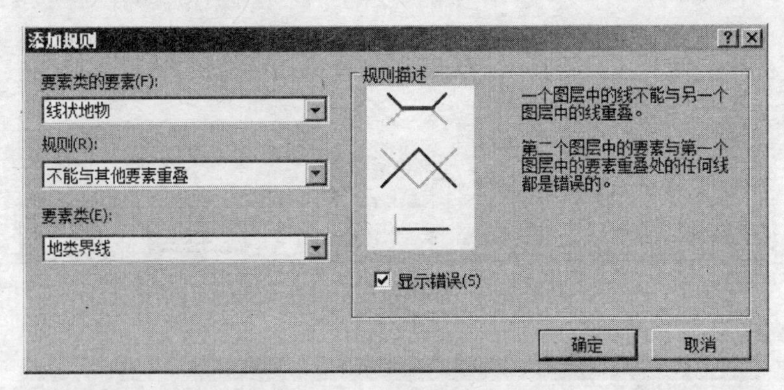

图 3-26 添加第七个拓扑规则

(12)单击【添加规则】按钮,打开“添加规则”对话框,在“要素类的要素”下拉框中选择“线状地物”,在“规则”下拉框中选择“必须被其他要素的边界覆盖”,在“要素类”下拉框中选择“地类图斑”,勾选“显示错误”,如图 3-27 所示。该项操作定义“线状地物中的线要素必须与地类图斑中面要素的边界重合,线图层要素中与面图层边界不重合的任何线都是错误的”。单击【确定】按钮,返回指定拓扑规则对话框。

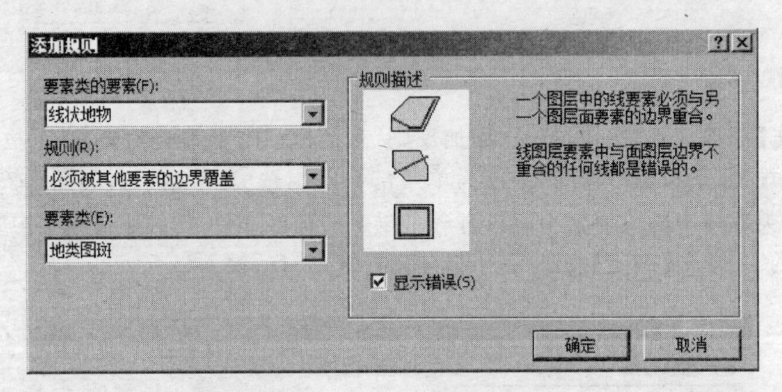

图 3-27 添加第八个拓扑规则

(13)单击【添加规则】按钮,打开“添加规则”对话框,在“要素类的要素”下拉框中选择“地类界线”,在“规则”下拉框中选择“必须被其他要素的边界覆盖”,在“要素类”下拉框中选择“地类图斑”,勾选“显示错误”,如图 3-28 所示。该项操作定义“地类界线中的线要素必须与地类图斑中面要素的边界重合,线图层要素中与面图层边界不重合的任何线都是错误的”。

(14)单击【确定】按钮,返回指定拓扑规则对话框。这时,可以看到已经创建的九个规则,如图 3-29 所示。

(15)单击【下一步】按钮,打开参数信息总结框,如图 3-30 所示。参数总结框中列出了拓扑图层名称、拓扑容差、拓扑规则等信息。认真核对无误后,单击【完成】按钮,出现进度条,当进程结束时,完成拓扑创建。

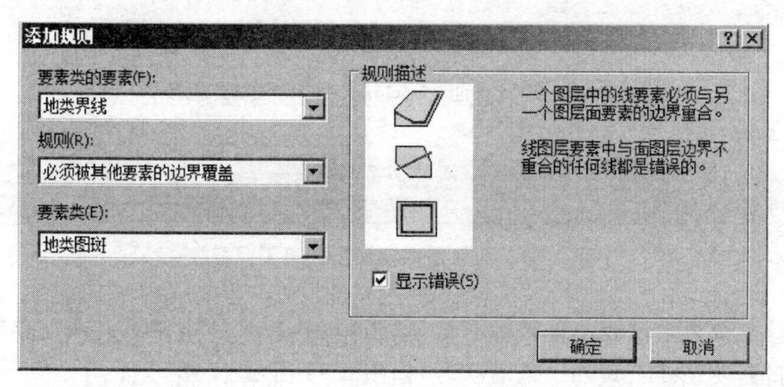

图 3-28　添加第九个拓扑规则

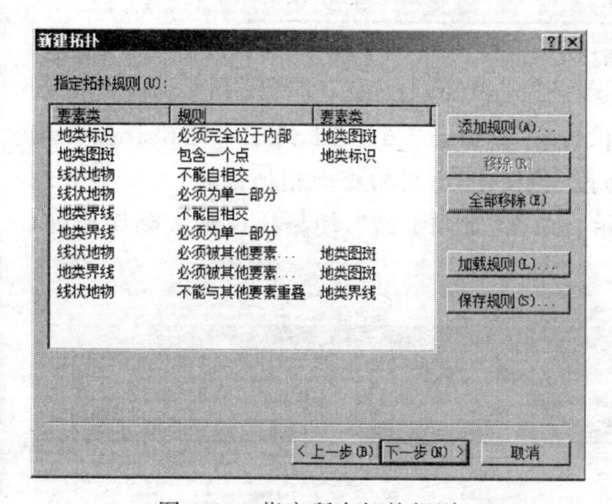

图 3-29　指定所有拓扑规则

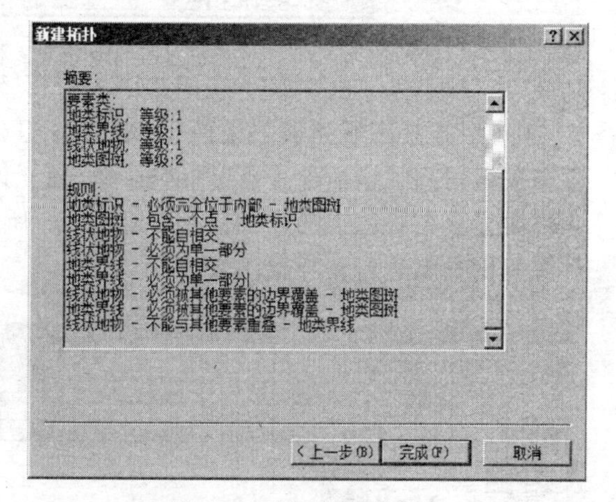

图 3-30　拓扑信息总结框

(16)拓扑创建后,会弹出对话框提示“已创建新拓扑。是否要立即验证?”,如图 3-31 所示。单击【是】按钮,出现进度条,进程结束后,拓扑已经验证并生效,创建的拓扑出现在 Arc Catalog目录树中,如图 3-32 所示。

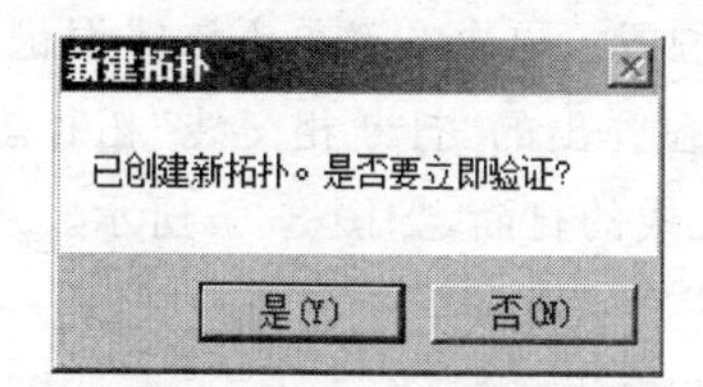

图 3-31　询问是否立即验证拓扑

名称	类型
线状地物	个人地理数据库 要素类
地类界线	个人地理数据库 要素类
地类标识	个人地理数据库 要素类
地类图斑	个人地理数据库 要素类
土地利用_Topology	个人地理数据库 拓扑

图 3-32　创建拓扑后的 ArcCatalog 目录树

(三)拓扑编辑与修改

(1)打开 ArcMap,将 ArcCatalog 目录树中的拓扑图层——土地利用_Topology 拖到 ArcMap 的内容列表中,弹出对话框询问,是否还要将参与到“土地利用_Topology”中的所有要素类添加到地图? 如图 3-33 所示,单击【是】,完成数据加载工作。

图 3-33　询问是否添加拓扑相关要素类

(2)在工具栏面板空白处单击鼠标右键,单击【拓扑】,打开拓扑工具条。单击编辑工具条中的【开始编辑】,使拓扑工具处于激活状态,如图 3-34 所示。

图 3-34　拓扑工具条

(3)在拓扑图层列表中选择“土地利用_Topology”。单击“拓扑”工具栏中的检查拓扑错误按钮,打开“错误检查器”对话框,单击【立即搜索】按钮,即可检查出拓扑错误,并在下方的表格中显示拓扑错误的详细信息,如图 3-35 所示。单击“规则类型”,使拓扑规则按顺序排列,并按规则类型进行拓扑错误修改。

错误检查器

显示: <所有规则中的错误>　22 个错误

立即搜索　☑ 错误　☐ 异常　☑ 仅搜索可见范围

规则类型	Class 1	Class 2	形状	要素 1	要素 2	异常
不能自相交	地类界线		点	159	0	False
不能自相交	地类界线		点	159	0	False
不能自相交	地类界线		点	159	0	False
必须完全位于内部	地类标识	地类图斑	点	3	0	False
包含一个点	地类图斑	地类标识	点	3	0	False
必须完全位于内部	地类标识	地类图斑	点	108	0	False

图 3-35　拓扑错误检查器

(4)右键单击地类界线不能自相交拓扑错误记录,如图 3-36 所示,其形状为折线,要素 1 的 OBJECTID 为 41。选择【缩放至】,缩放至错误图形位置。再次右键单击该错误记录,选择【选择要素】,单击拓扑工具条上的打断相交线按钮,在弹出的“打断相交线”拓扑容差对话框中设置拓扑容差为 0.001 m,单击【确定】,完成自相交线的打断,如图 3-37 所示。从地图窗口中可以发现,该拓扑错误记录被清除。

错误检查器

显示: <所有规则中的错误>　21 个错误　立即搜索　☑ 错误　☐ 异常　☑ 仅搜索可见范围

规则类型	Class 1	Class 2	形状	要素 1	要素 2	异常
不能自相交	地类界线		折线	41	0	
包含一个点	地类图斑	地类标识	点	3	0	
包含一个点	地类图斑	地类标识	点	108	0	
包含一个点	地类图斑	地类标识	面	100	0	
必须为单一部分	线状地物		折线	62	0	
必须为单一部分	线状地物		折线	62	0	
必须完全位于内部	地类标识	地类图斑	点	3	0	
必须完全位于内部	地类标识	地类图斑	点	108	0	
必须被其他要素的边界覆盖	线状地物	地类图斑	折线	1	0	
必须被其他要素的边界覆盖	线状地物	地类图斑	折线	104	0	

缩放至(Z)
平移至(P)
选择要素(F)
显示规则描述(D)...
简化
标记为异常(X)
标记为错误(E)

图 3-36　缩放至 OBJECTID 为 41 的地类界线自相交错误

(5)右键单击地类界线不能自相交拓扑错误记录,其形状为点,要素的 OBJECTID 为 159。选择【缩放至】,缩放至错误图形位置。再次右键单击该错误记录,选择【选择要素】,选中该地类界线。加入捕捉工具条,打开点捕捉、端点捕捉、折点捕捉功能。

单击编辑工具条上的整形要素工具,按住 V 键显示线上节点,捕捉该地类界线下地类图斑的边界节点,画线,完成该地类界线的局部重新绘制,如图 3-38 所示。单击"拓扑"工具上的重新验证当前范围中的拓扑按钮,完成该地类界线的修改。

图 3-37　打断相交线容差设置对话框

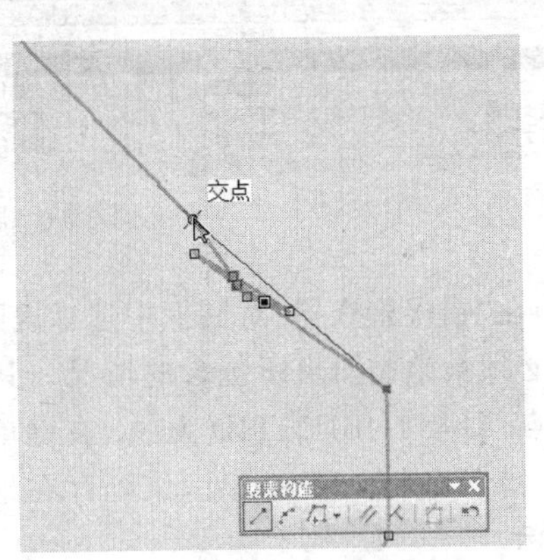

图 3-38　局部重新绘制地类界线

(6)单击工具栏中的全图工具,返回到全图模式。在"错误检查器"对话框中单击【立即搜索】按钮,显示所有拓扑错误。选择"线状地物必须为单一部分"错误记录,其形状为折线,要素 1 的 OBJECTID 为 62,单击鼠标右键,单击【选择要素】,如图 3-39 所示。

错误检查器

显示: <所有规则中的错误>　11 个错误　立即搜索　☑ 错误　☐ 异常　☑ 仅搜索可见范围

规则类型	Class 1	Class 2	形状	要素 1	要素 2	异常
包含一个点	地类图斑	地类标识	点	3	0	False
包含一个点	地类图斑	地类标识	点	108	0	False
包含一个点	地类图斑	地类标识	面	100	0	False
必须为单一部分	线状地物		折线	62		
必须为单一部分	线状地物		折线	62		
必须完全位于内部	地类标识	地类图斑	点	3		
必须完全位于内部	地类标识	地类图斑	点	108		
必须被其他要素的边界覆盖	地类界线	地类图斑	折线	69		
必须被其他要素的边界覆盖	线状地物	地类图斑	折线	1		
必须被其他要素的边界覆盖	线状地物	地类图斑	折线	104		
必须被其他要素的边界覆盖	线状地物	地类图斑	折线	58		

缩放至(Z)
平移至(P)
选择要素(F)
显示规则描述(D)...
拆分

图 3-39　选择 OBJECTID 为 62 的线状地物必须为单一部分错误

在 ArcMap 空白面板处单击鼠标右键,选择高级编辑工具,如图 3-40 所示。在高级编辑工具条上选择拆分多部件要素工具,将其拆散为多个部分。

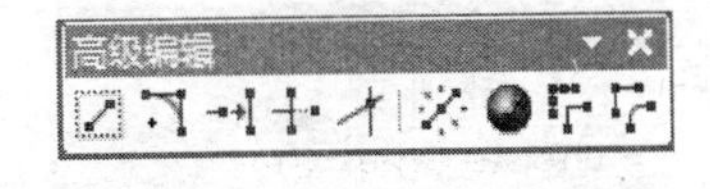

图 3-40　高级编辑工具条

(7)在"错误检查器"对话框中选择规则类型为"包含一个点"的拓扑错误记录,即不满足地类标识必须被地类图斑所包含的情况。其错误记录 Class1 为地类图斑,Class2 为地类标识,形状为点,要素 1 的 OBJECTID 为 108。右键单击该错误记录,选择【缩放至】,缩放至错误图形位置,选中错误要素。观察可见,该处无地类图斑要素,该地类标识是多余要素,应将其删除,如图 3-41 所示。再次右键单击该错误记录,选择【选择要素】。单击键盘上的 Delete 键,完成多余地类标识要素的删除。

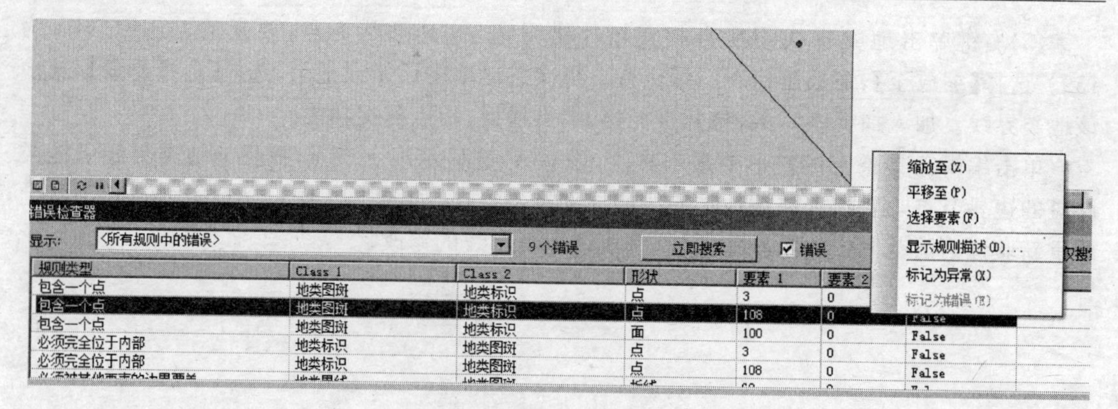

图 3-41　删除多余地类标识要素

(8)在“错误检查器”对话框中选择规则类型为“包含一个点”的拓扑错误记录,即不满足地类标识必须被地类图斑所包含的情况。其错误记录 Class1 为地类图斑,Class2 为地类标识,形状为点,要素 1OBJECTID 为 3。右键单击该错误记录,选择【缩放至】,缩放至错误图形位置,选中错误要素。观察可见,该处存在地类图斑要素数据缺失,应生成地类图斑要素,如图 3-42 所示。

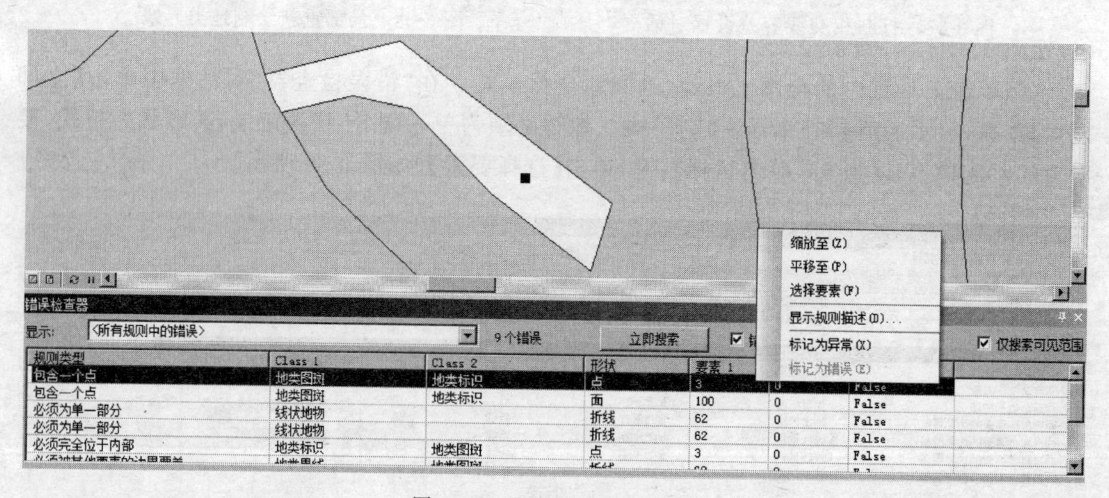

图 3-42　地类图斑要素缺失

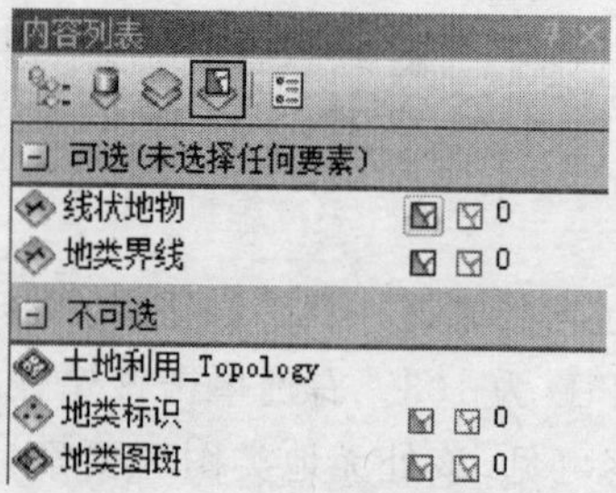

在 ArcMap 的地图内容列表中单击按钮,按选择列出图层要素,单击切换是否可选按钮,使地类界线和线状地物要素层处于可选状态,其他图层处于不可选状态,如图 3-43 所示。

图 3-43　修改要素层可选性

单击工具栏中的通过矩形选取要素工具,选取缺失图斑周围的线状地物和地类界线图层。单击拓扑工具条中的构造面工具,在弹出的“构造面”对话框中,将模板设置为“地类图斑”,拓扑容差设置为 0.000 1 m,单击【确定】,完成地类图斑的补充。

单击工具栏中的识别工具❶,选取该缺失地类图斑上的地类标识要素,如图 3-44 所示。根据识别结果,对该地类图斑进行属性输入。单击 ArcMap 的地图内容列表中按选择列出按钮,单击切换是否可选按钮,使地类图斑要素层处于可选状态,其他图层处于不可选状态。

单击工具栏中的通过矩形选取要素工具,选择新构建的地类图斑,单击属性工具,输入地类编码为“203”,地类名称为“村庄”,如图 3-45 所示。单击“拓扑”工具栏中的验证当前范围拓扑工具,完成该拓扑错误的修改。

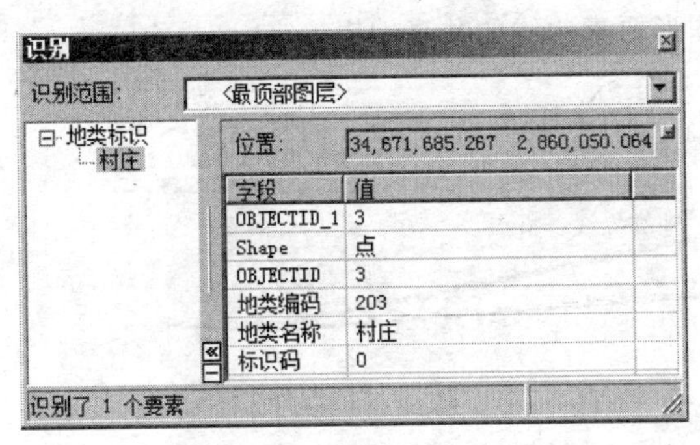

图 3-44　属性识别对话框

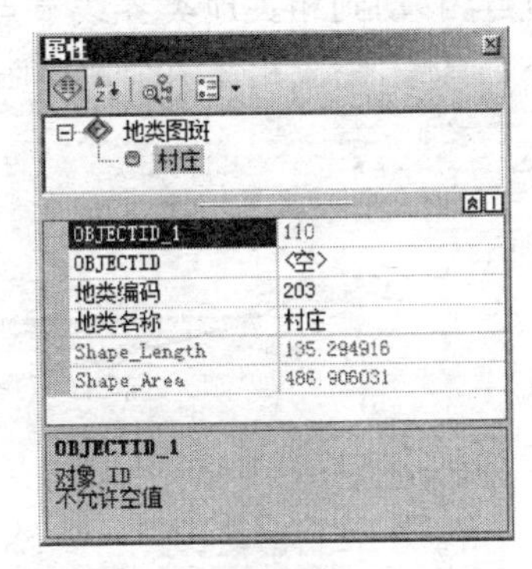

图 3-45　属性编辑对话框

(9)在“错误检查器”对话框中选择规则类型为“包含一个点”的拓扑错误记录,即不满足地类标识必须被地类图斑所包含的情况。其错误记录 Class1 为地类图斑,Class2 为地类标识,形状为面,要素 1 的 OBJECTID 为 100。右键单击该错误记录,选择【平移至】,平移至错误图形位置。观察可见,该处存在地类标识要素数据缺失及地类图斑要素属性数据缺失问题,如图 3-46 所示。

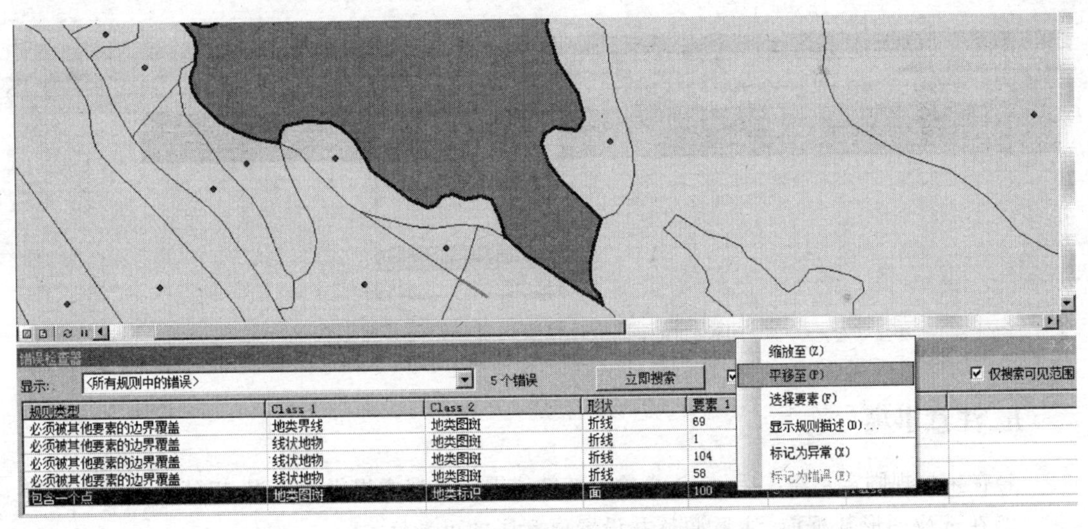

图 3-46　地类图斑要素属性缺失

单击工具栏中的通过矩形选取要素工具,选取该地类图斑,单击属性工具,输入地类编码为“031”,地类名称为“有林地”。单击编辑工具栏中的创建要素工具,在该图斑内加入一个地类标识,单击属性工具,输入地类编码为“031”,地类名称为“有林地”。最后单击

“拓扑”工具栏中的验证当前范围拓扑工具，完成该拓扑错误的修改。

(10)单击工具栏中的全图工具，返回到全图模式。在“错误检查器”对话框中，单击【立即搜索】，选择规则类型为“必须被其他要素边界覆盖”的拓扑错误记录，即不满足地类界线必须在地类图斑的边界上的情况。其错误记录 Class1 为地类界线，Class2 为地类图斑，形状为折线，要素 1 的 OBJECTID 为 69。右键单击该错误记录，选择【缩放至】，缩放至错误图形位置。选择“拓扑”工具栏中的拓扑编辑工具，双击地类图斑中涉及该拓扑错误的边线，捕捉其错误节点，移动到相关地类界线节点上，如图 3-47 所示。单击“拓扑”工具栏中的验证当前范围拓扑工具，完成相邻两个地类图斑图形要素边线的共享编辑。

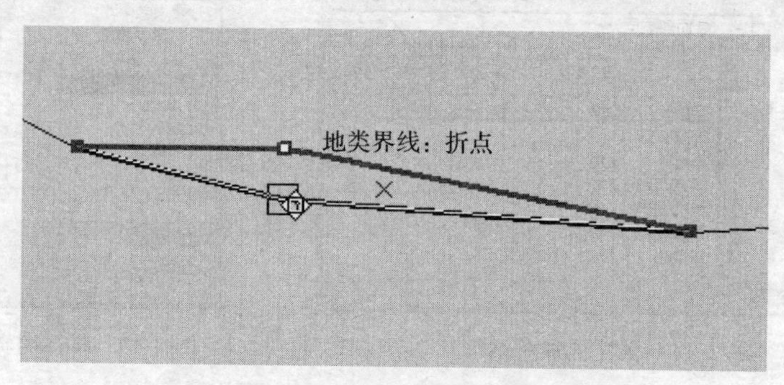

图 3-47　共享节点的移动

(11)单击工具栏中的全图工具，返回到全图模式。在“错误检查器’对话框中，单击【立即搜索】，选择剩余的三条错误信息提示，经检查，这些并非拓扑错误。按住 Shift 键，单击鼠标左键选中所有记录，单击鼠标右键选择【标记为异常】，完成数据库的拓扑编辑与修改，如图 3-48 所示。

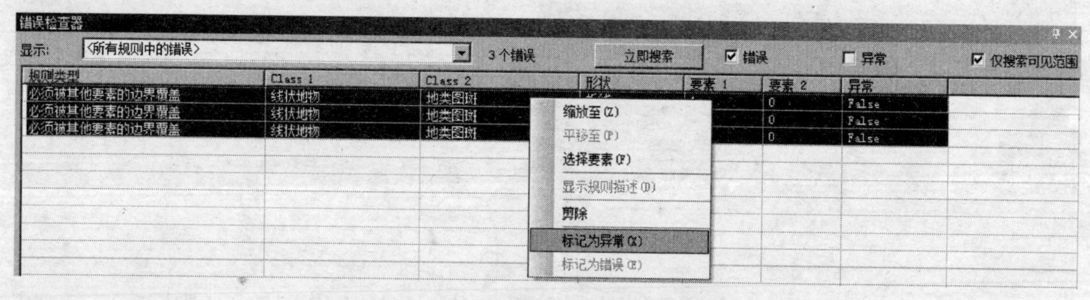

图 3-48　将拓扑检查记录标记为异常

五、注意事项

(1)在拓扑规则定义完成后，应认真检查拓扑错误检查器中提供的错误，以便及时发现错误。

(2)在选取图形数据前，注意调整并设置要素层的可选性。

(3)在选取图形数据时，应使用工具栏中的通过矩形选取要素工具，而不是编辑工具栏中的编辑工具，这样可以避免图形产生位移。

(4)在完成一个拓扑错误修改后，应使用验证当前范围拓扑工具对修改后的数据进行拓扑验证，验证无误后才可以进行下一个拓扑错误的修改。

思考与拓展

1. 为什么检查“地类图斑必须包含地类标识”这一拓扑规则时，选择面要素必须包含一个点要素规则，而不用面要素包含点要素规则？

2. 线要素不能自重叠与线要素不能自相交规则有何区别？为什么选择线要素不能自相交规则？

项目四　空间数据处理

[项目概述]

实际工作中，由于空间数据的获取方式不同，用户的具体要求不同，往往需要对所获取的空间数据进行一定的处理，以满足生产及用户要求。例如，对采集的数据进行投影，将其转换到指定的坐标系；对相邻图幅进行拼接，确保其空间关系和逻辑关系的正确性等。本项目包括五个任务：矢量数据拼接、矢量数据投影变换、矢量数据提取、影像拼接与裁剪、栅格数据投影转换等。

[学习目标]

掌握空间数据的拼接、提取、投影转换等常用的数据处理方法。

任务 4-1　矢量数据拼接

一、任务描述

由于地图接边以及地图综合的要求，空间矢量数据在应用时需要进行图幅内和图幅间的拼接。本任务将学习如何利用 ArcGIS 软件对给定的相邻矢量数据进行拼接处理。

二、任务目标

掌握矢量数据的拼接方法和作业要求，熟悉 ArcGIS 软件空间校正工具和矢量数据合并工具(如追加、合并、加载等)的操作及应用。

三、任务内容及要求

数据拼接是将空间相邻的数据拼接成为一个完整的目标数据。拼接的前提是矢量数据经过了严格的接边处理，包括对相邻数据进行边缘的空间关系一致性和逻辑关系一致性处理。因此，本任务的内容包括数据的接边和合并。

拼接矢量数据时，要求相同实体的线段或弧的坐标数据相互衔接，同一实体的属性码相同，因此必须进行数据边缘匹配处理。

四、任务实施

(一)数据准备

路径	名称	格式	说明
项目四\任务 4-1\原始数据\china.gdb	铁路 a	矢量要素类	线要素
项目四\任务 4-1\原始数据\china.gdb	铁路 b	矢量要素类	线要素

(二)操作步骤

1. 空间关系一致性处理

(1)运行 ArcMap，在左侧的内容列表处选中【图层】，单击鼠标右键，在弹出的快捷菜单中选择【添加数据(T) ...】,将铁路 a 和铁路 b 添加到当前列表中,如图 4-1 所示。

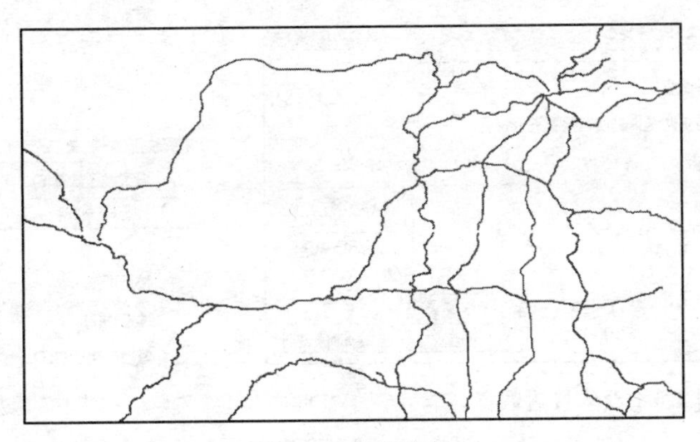

图 4-1　加载数据

(2)单击标准工具栏上的按钮,打开编辑工具条,单击【编辑器(R)】,单击【开始编辑】。如图 4-2 所示。在编辑工具条上依次单击选择【编辑器(R)】/【捕捉】/【捕捉工具条】,如图 4-3 所示,打开捕捉工具条。在捕捉工具条上选择捕捉方式为端点捕捉,如图 4-4 所示。

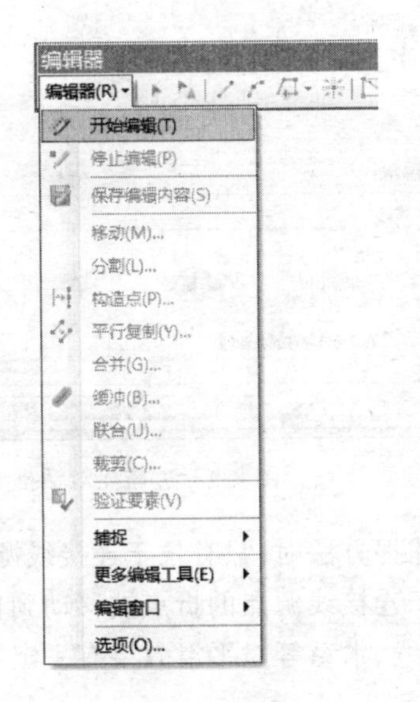

图 4-2　选择开始编辑

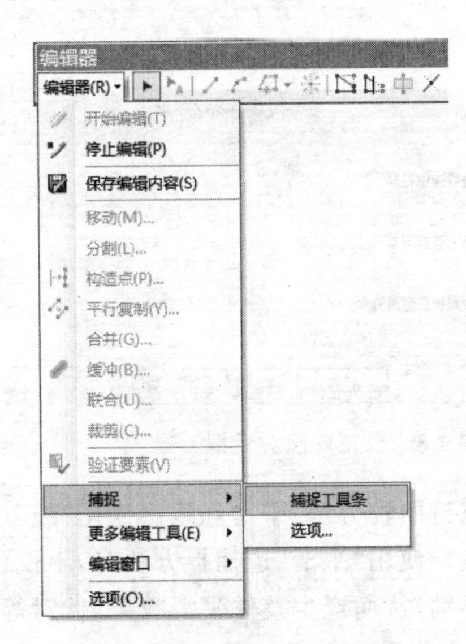

图 4-3　打开捕捉工具条

(3)在工具栏空白处单击鼠标右键,在弹出的下拉菜单中选择【空间校正】,调出空间校正工具条,如图 4-5 所示。

图 4-4　选择捕捉方式

图 4-5　空间校正工具条

(4)设定接边数据。单击空间校正工具条上的【空间校正(J)】,在下拉菜单中单击【设置校正数据】。如图 4-6 所示,选择铁路 a 和铁路 b,确定要校正的要素,接下来选择校正方法。

(5)选择空间校正中的边匹配方法。单击空间校正工具条中的【空间校正(J)】/【校正方法

(M)】/【边捕捉】,如图 4-7 所示。

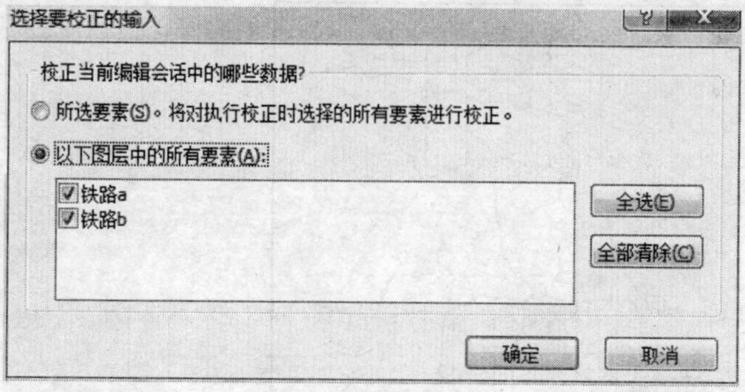

图 4-6　设置接边数据

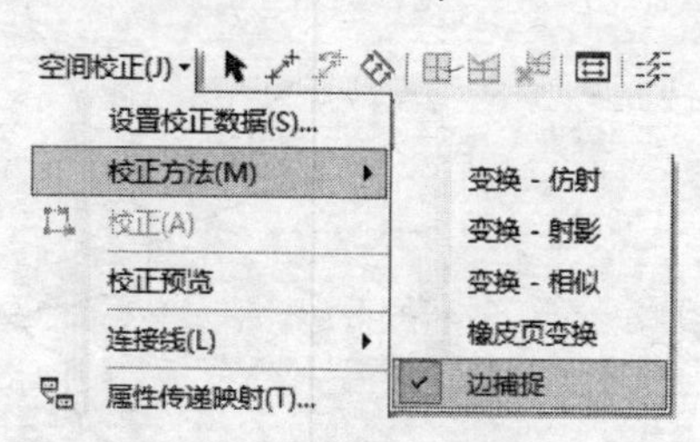

图 4-7　边捕捉菜单

(6)为边匹配设置参数。单击【空间校正】/【选项】,弹出"校正属性"对话框,如图 4-8 所示。单击【常规】选项卡。在校正方法栏中选择"边捕捉",单击 选项(O)... 按钮,弹出"边捕捉"对话框,如图 4-9 所示。选择线接边方法,取消勾选"校正到连接线的中点",然后单击【确定】。

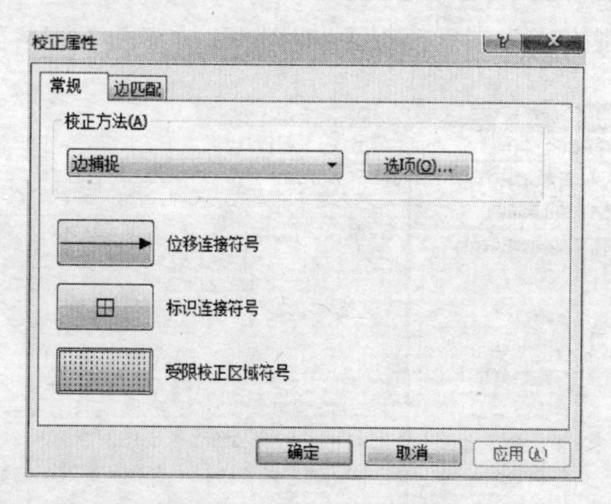

图 4-8　校正属性对话框

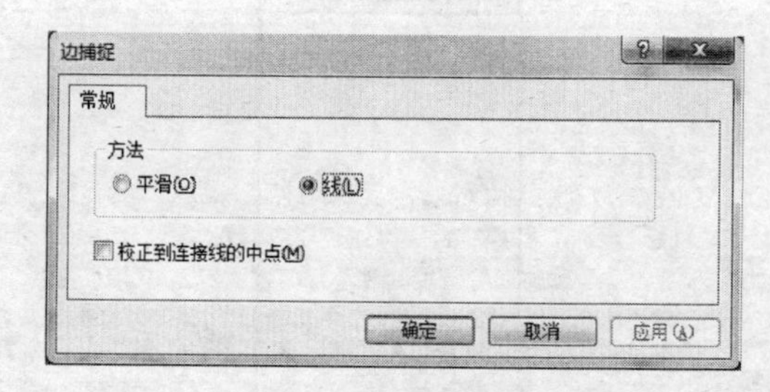

图 4-9　边捕捉对话框

边捕捉支持两种方法:平滑和线。使用"线"边捕捉方法时,只有位于连接线源点的折点被移动到目标点。使用"平滑"边捕捉方法时,不仅位于连接线源点的折点被移动到目标点,其余折点也会被移动,从而产生整体平滑效果,针对等高线、水系等对平滑效果有一定要求的数据,可选择这种方法。

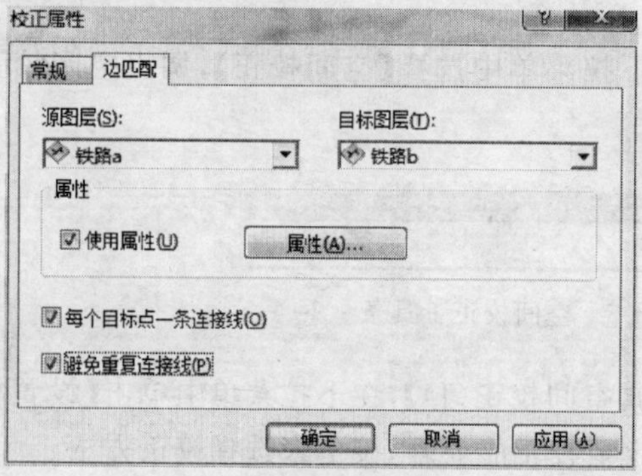

勾选"校正到连接线的中点"时,源和目标图层都改变,都向连接线的中点靠拢。取消勾选时,只有源图层变化,向目标图层靠拢,目标图层不变。

进行边匹配校正方法时需设置相关属性,以定义使用"边匹配"工具时的源图层、目标图层和创建位移连接的方式。

图 4-10　设置校正源图层和目标图层

(7)单击"校正属性"对话框中的【边匹配】选项卡,如图 4-10 所示。单击【源图层】下拉列表,选择"铁路 a",单击【目标图层】下拉列表，选择“铁路 b”，表示对铁路 a 图层进行校正，使其与铁路 b 图层匹配。勾选“每个目标点一条连接线”，勾选“避免重复连接线”，然后单击【确定】。

若勾选“使用属性”，并单击右侧的【属性】按钮，设置接边数据源属性，属性信息一致的数据源，才能接边。

(8)单击边匹配按钮，框选接边范围内的相关接边点，可看到参与接边的相关点对，如图 4-11 所示。校正结果如图 4-12 所示。

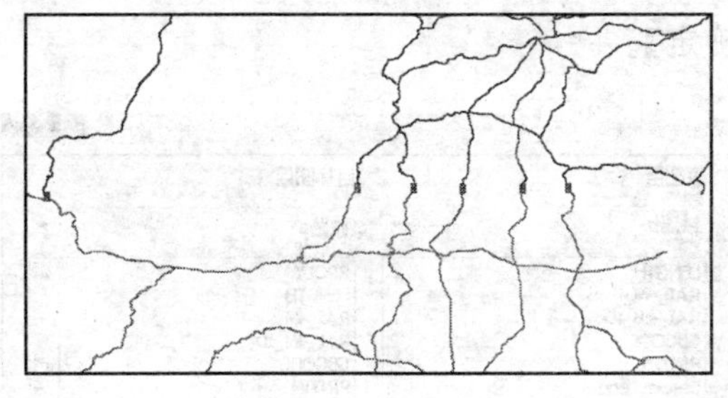

图 4-11　接边点对

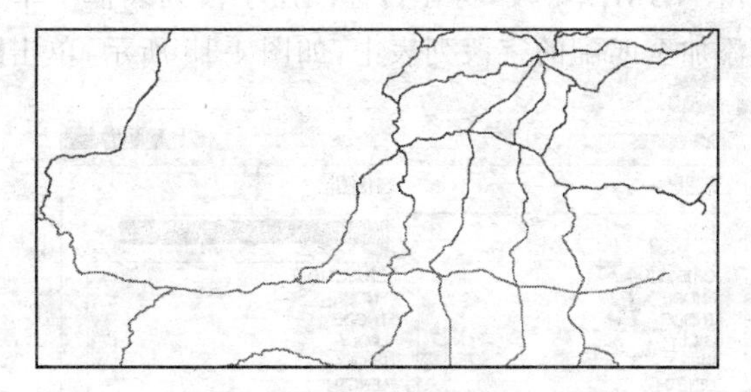

图 4-12　校正结果

2. 逻辑关系一致性处理

在工具条上单击识别工具。单击刚才连接起来的相邻数据线要素。发现铁路 a 与铁路 b 图层虽然已经相连接，但铁路 a 图层 NAME 属性为空，而铁路 b 图层 NAME 属性有值，如图 4-13 所示。因此，完成几何接边后，还需进行图层的属性传递，将源图层属性传递到目标图层。

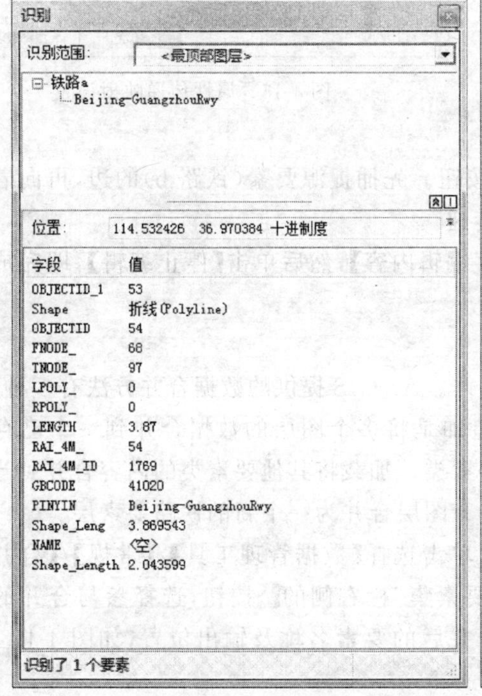

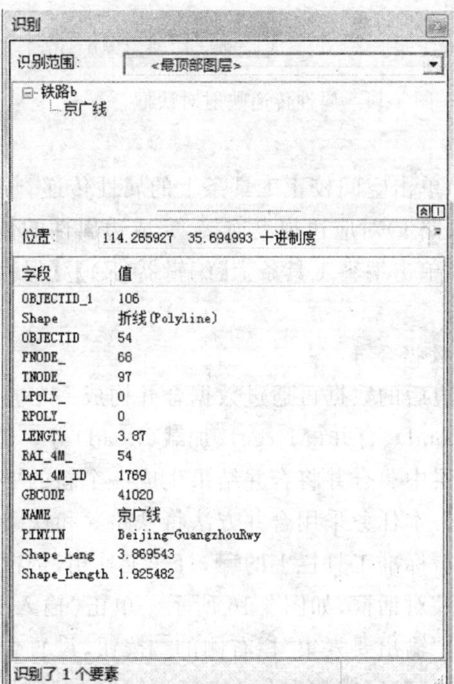

图 4-13　图层属性表

(1)单击编辑器工具条上的【编辑器】/【开始编辑】。在【捕捉】工具条上选择捕捉方式为边捕捉□。

(2)单击【空间校正】/【属性传递映射】，弹出“属性传递映射”对话框，如图 4-14 所示。设置源图层为“铁路 b”，目标图层为“铁路 a”。

(3)指定用于传递属性的字段。在源图层中选择一个字段，然后将其与目标图层的相应字段相匹配，属性传递工具会使用这些匹配字段确定要传递的数据。在源图层字段列表框中单击 NAME 字段，再在目标图层字段列表框中单击 NAME 字段。单击【添加】，这些字段即被添加至匹配的字段列表中，如图 4-15 所示，单击【确定】。

图 4-14 属性传递映射对话框

图 4-15 属性传递映射设置

(4)单击空间校正工具条上的属性传递按钮。先捕捉源要素(铁路 b)的边，再向着目标要素(铁路 a)对应边拖曳连接，完成边属性的传递。

(5)单击编辑工具条上【编辑器(R)】/【保存编辑内容】，然后单击【停止编辑】，即完成接边工作。

3. 数据合并

接边后的数据可通过数据合并构成一个整体。ArcGIS 提供的数据合并方法有多种，如追加(Append)、合并(Merge)、加载(Load)等。追加是将多个图层的数据合并到一个已存在的目标图层中。合并将合并结果生成一个新的要素类。加载将其他要素类的内容合并到当前要素类中。本任务采用合并方法将铁路 a 和铁路 b 图层合并为一个新的铁路要素层。

单击标准工具栏上的，打开工具箱，依次单击选择【数据管理工具】/【常规】/【合并】，弹出“合并”对话框，如图 4-16 所示。单击“输入要素集”栏右侧的按钮，选择参与合并的要素类，单击“输出要素集”栏右侧的按钮，设置合并后的要素名称及输出位置，如图 4-17 所示。单击【确定】，完成数据合并。

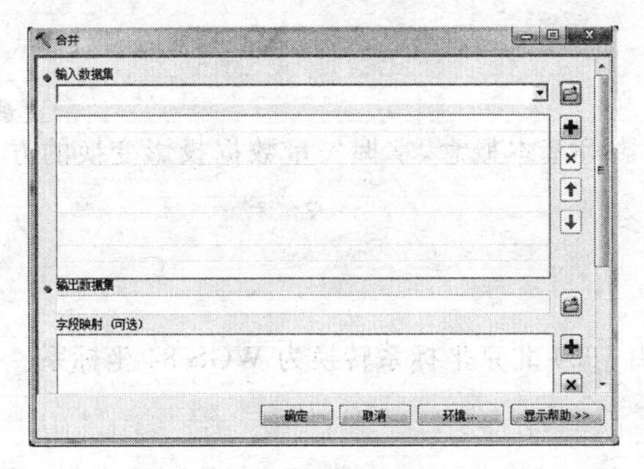

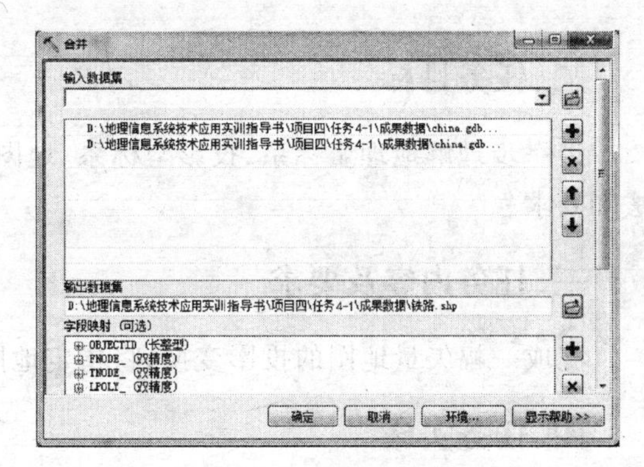

图 4-16　合并对话框　　　　图 4-17　合并要素设置

五、注意事项

(1)参与接边的矢量数据必须具有相同的投影参数。

(2)虽然边匹配提供了自动接边工具,但它并不是万能的,有些地方还须靠人工指定接边点对完成接边。可利用空间校正工具条上的新建位移连接工具，在图上一一指定接边点对,进行接边。接边时要设定捕捉容差值,当要接边的对应点大于容差时,不会被接在一起。所以容差值不能太小,也不能太大,否则会把不该接在一起的点接在一起。容差值在捕捉工具条的选项里设定。

(3)当利用空间校正工具完成数据接边时,一定要单击编辑工具条上的【保存编辑内容】,才能保存经过接边处理后的数据,单击【停止编辑】后,接边工作结束。

(4)接边后的数据仍然是分离的要素,不是一个整体,需要利用合并工具才能将其合为一个要素。

思考与拓展

1. 在实际生产中,不同坐标系统配置错误导致的相邻图幅不能拼接,或同一范围不同主题图件不能叠合,需要对其进行校准,利用空间校正工具能实现吗?

2. 若是对相邻两幅地形数据中的等高线进行接边,校正操作中需注意什么问题?

3. 若需要接边的相邻数据跨越不同的投影带,接边时需做怎样的处理?

任务 4-2　矢量数据投影变换

一、任务描述

由于数据源的多样性,当获取的数据与生产所需的空间参考系统(坐标系统、投影方式)不一致时,需要对数据进行投影变换(Project)。投影变换是将一种地图投影转换为另一种地图投影,主要包括投影类型、投影参数或椭球体等的改变。在完成本身有投影信息的数据采集时,为了保证数据的完整性和易交换性,要对数据定义投影。本任务将学习在 ArcGIS 中如何实现矢量数据的投影变换。

二、任务目标

进一步理解地理坐标系、投影坐标系、地图投影等基本概念，掌握矢量数据投影变换的方法和要求。

三、任务内容及要求

完成一幅矢量地图的投影变换，将指定地图由 1954 北京坐标系转换为 WGS-84 坐标系。

四、任务实施

(一)数据准备

路径	名称	格式	说明
项目四\任务 4-2\原始数据\	河南	shp	坐标系为“GCS_Beijing_1954”

(二)操作步骤

(1)启动 ArcMap，在 ArcMap 中新建地图文档，添加“河南”数据层可发现，状态栏显示的坐标以经纬度表示，如图 4-18 所示。在内容列表中选中该数据层，单击鼠标右键，执行快捷菜单【属性】命令，在弹出的“图层属性”对话框中，选择“源”选项卡，详细列出该数据的坐标系信息，如图 4-19 所示。

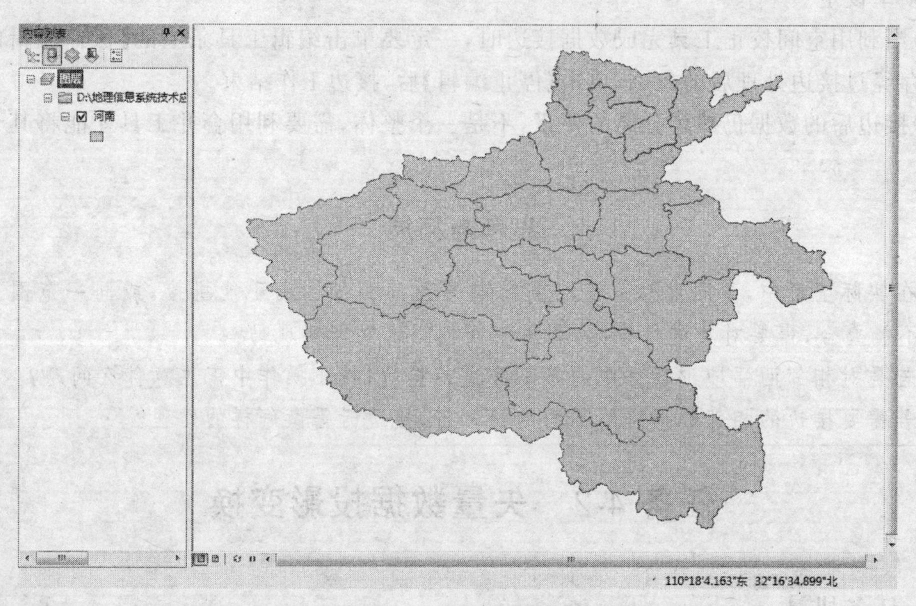

图 4-18　查看图形信息

(2)在标准工具栏上单击按钮，打开 ArcToolbox。依次单击选择【数据管理工具】/【投影和变换】/【要素】，双击【投影】，打开“投影”对话框，如图 4-20 所示。

(3)单击“输入数据集或要素类”文本框右侧的按钮，选择需要进行投影的数据集或要素类。

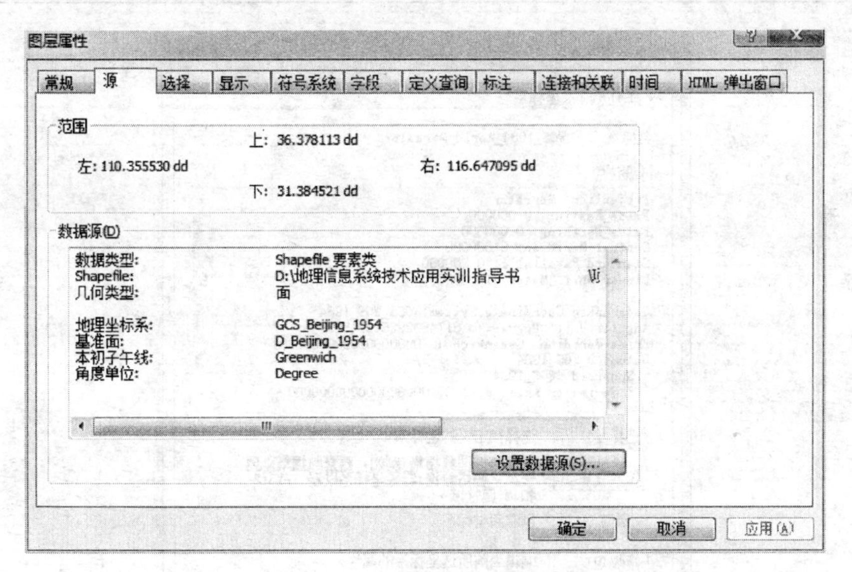

图 4-19　查看坐标系信息

(4)单击“输出数据集或要素类”文本框右侧的按钮,选择投影变换后生成的新要素数据集或要素类的位置。

(5)单击“输出坐标系”文本框右侧的按钮,选择要应用到输出数据集或要素类的坐标系。在弹出的“空间参考属性”对话框中,单击【选择】按钮,指定输出坐标系。这里选择“Projected Coordinate Systems/World/WGS 1984 World Mercator.prj”,如图 4-21 所示。

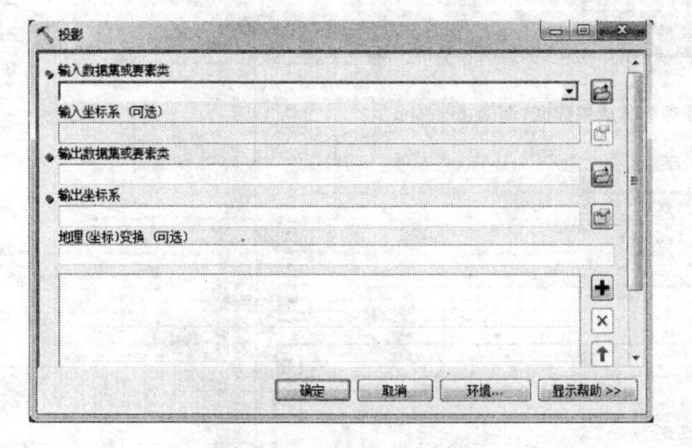

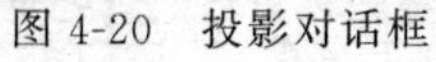
图 4-20　投影对话框

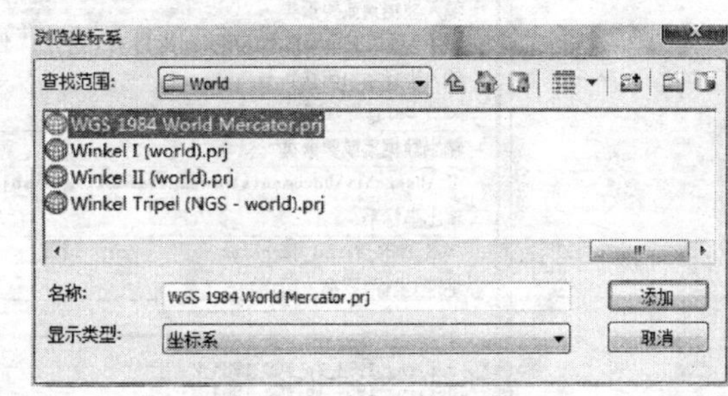

图 4-21　输出坐标系选择

单击【添加】按钮后,在“空间参考属性”对话框中显示坐标系的详细信息,如图 4-22 所示。

(6)地理变换选择。将 1954 北京坐标系和 1980 西安坐标系的数据变换到其他坐标系时,需要提供地理变换,这是由于不同坐标系基于的椭球体及基准面不同,当矢量数据的变换涉及基准面的改变时,需要通过地理变换模型实现地理变换或基准面平移。

本任务中,单击“地理(坐标)变换(可选)”文本框,在下拉列表中选择“Beijing_1954_To_WGS_1984_3”,如图 4-23 所示。单击【确定】,执行投影变换。

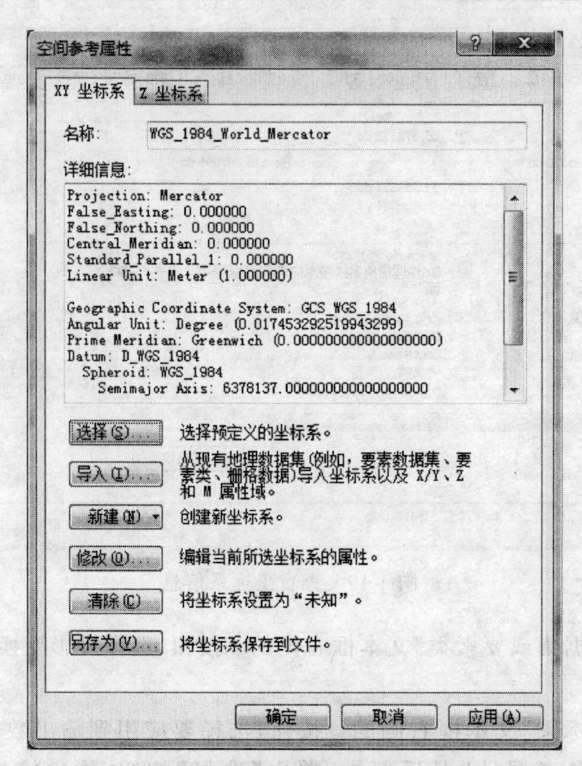

图 4-22 空间参考属性对话框

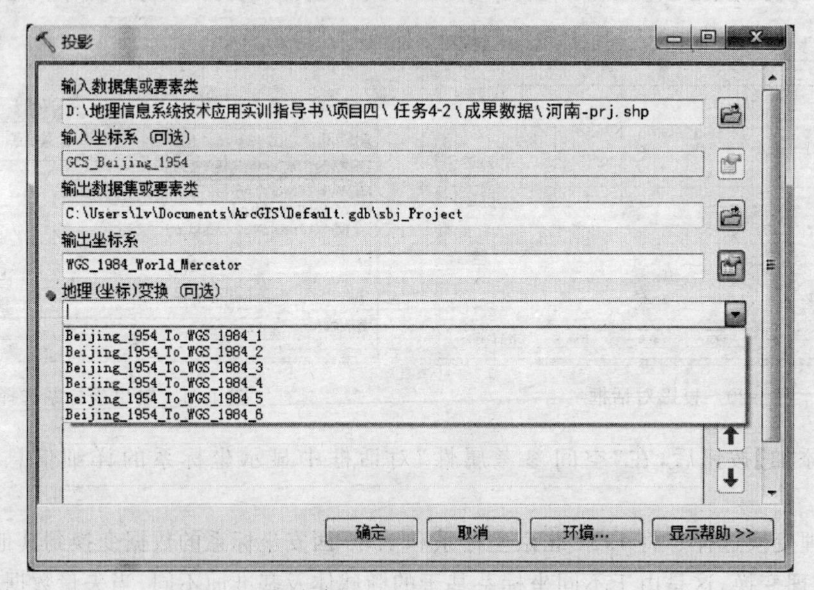

图 4-23 地理变换选择

在 ArcMap 中新建地图文档,添加投影变换后的数据,状态栏显示的坐标以米为单位,如图 4-24 所示。

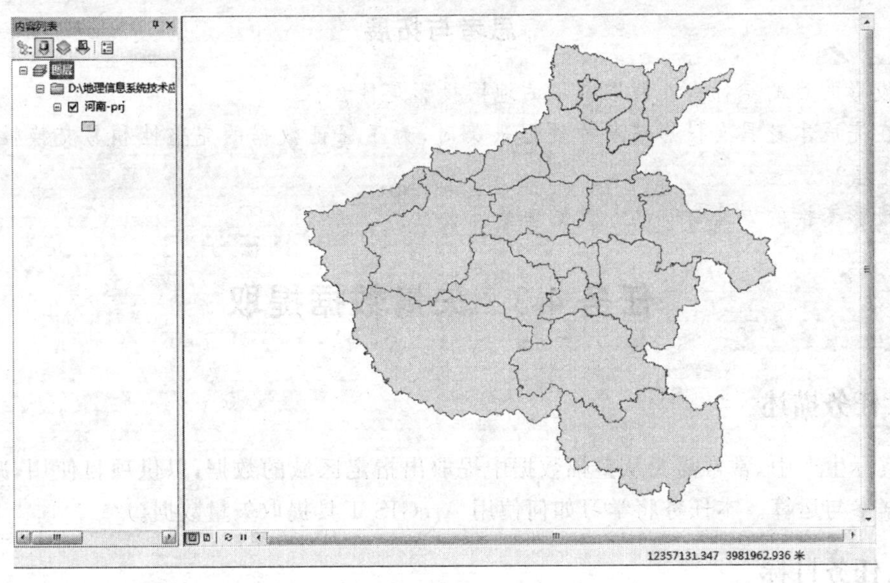

图 4-24　投影变换结果

五、注意事项

(1)投影变换是双向的，在设置地理(坐标)变换时，如果是将 WGS-84 坐标系向 1954 北京坐标系转换，仍然选“Beijing_54_To WGS_1984”。在我国不同地区，其转换参数不一样，ArcGIS 中提供的“Beijing_1954_to_WGS_1984_1”至“Beijing_1954_to_WGS_1984_6”采用了不同的转换模型，1、4、6 采用三参数转换，2、3、5 采用七参数转换，转换参数不同，分别适用于不同地区，如表 4-1 所示。

表 4-1　模型使用地区对照表

模型	使用地区
Beijing_1954_to_WGS_1984_1	鄂尔多斯盆地东经 108°～108.5°，北纬 37.75°～38.25°
Beijing_1954_to_WGS_1984_2	黄海海域
Beijing_1954_to_WGS_1984_3	南海海域-珠江口
Beijing_1954_to_WGS_1984_4	塔里木盆地东经 77.5°～88°，北纬 37°～42°
Beijing_1954_to_WGS_1984_5	北部湾
Beijing_1954_to_WGS_1984_6	鄂尔多斯盆地东经 108°～108.5°，北纬 37.75°～38.25°

(2)相同椭球之间的投影变换是严密的，而不同椭球之间的投影变换是不严密的。

(3)ArcMap 中，工作区的坐标系统默认为第一个加载到当前工作区的数据坐标系统，后加入的数据，如果和当前工作区坐标系统不同，则 ArcMap 会自动做投影变换，把后加入的数据投影变换到当前坐标系统下显示，但此时数据文件所存储的实际数据坐标值并没有改变，只是显示形态上发生变化。改变 ArcMap 中工作区的空间参考或是对后加入到 ArcMap 工作区中的数据进行投影变换，称为动态投影。

思考与拓展

1. 投影的目的是什么？我国常用的地图投影是什么？

2. 在完成本身具有投影信息的数据采集时，为了保证数据的完整性和易交换性，需要做怎样的处理？

3. 投影变换的方法有哪些？其原理是什么？

任务4-3 矢量数据提取

一、任务描述

在实际生产中，常常需要从整幅数据中提取出指定区域的数据，以供项目使用，减少不必要的数据参与运算。本任务将学习如何使用 ArcGIS 工具提取矢量数据。

二、任务目标

掌握矢量数据提取的方法和步骤，能在实际生产中根据项目需要熟练提取数据。

三、任务内容及要求

使用裁剪、分割和筛选三种不同方法提取矢量数据，掌握不同提取方法的实际应用，掌握条件查询语句的构建。

四、任务实施

(一)数据准备

路径	名称	格式	说明
项目四\任务 4-3\原始数据\	云南县界	shp	坐标系为“GCS_Beijing_1954”

(二)操作步骤

1. 按指定裁剪框裁剪数据

(1)启动 ArcCatalog。展开目录树到本任务成果数据所在文件夹，在内容窗口空白处单击鼠标右键，弹出快捷菜单，单击【新建】/【shapefile(s)】，在“新建 shapefile”对话框中输入文件名“裁剪边框”，指定要素类型为“面”。单击【编辑】，导入云南县界数据的空间参考信息，使创建的裁剪框与待裁剪图形空间参考一致，如图 4-25 所示。单击【确定】，完成裁剪边框文件的创建。

(2)启动 ArcMap，设定工作区。在 ArcMap 中执行菜单命令【地理处理】/【环境】，在“环境设置”对话框中，设定当前工作空间和临时工作空间，如图 4-26 所示。

(3)绘制裁剪边框。在标准工具栏上单击 ✚，将云南县界和裁剪边框要素层添加到当前地图中。单击 ，打开编辑工具条。单击【开始编辑】，选择编辑图层为“裁剪边框”。利用构面工具绘制一矩形面，该矩形区域将作为县界数据的裁剪范围，如图 4-27 所示。单击【保存编辑内容】，然后单击【停止编辑】。

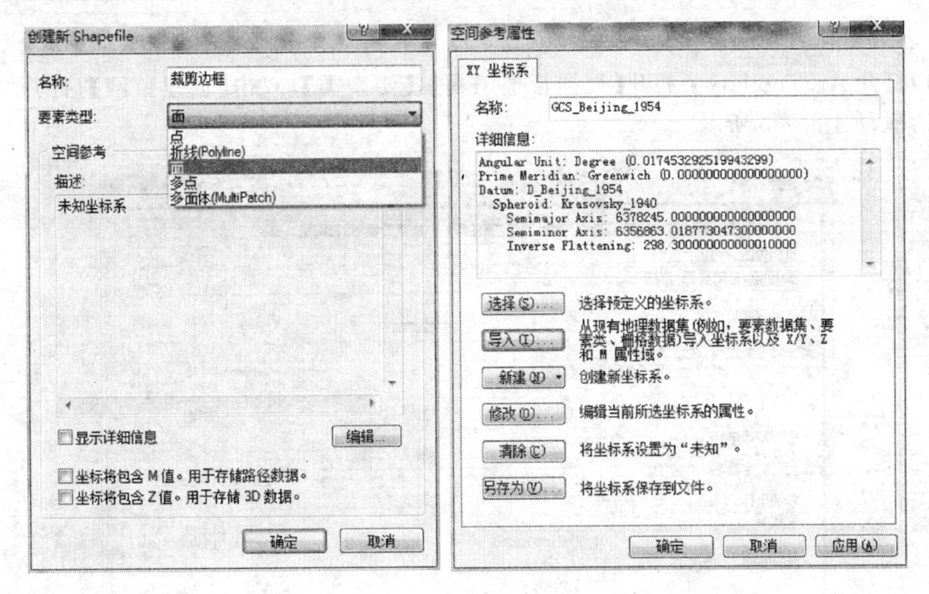

图 4-25　新建裁剪边框文件

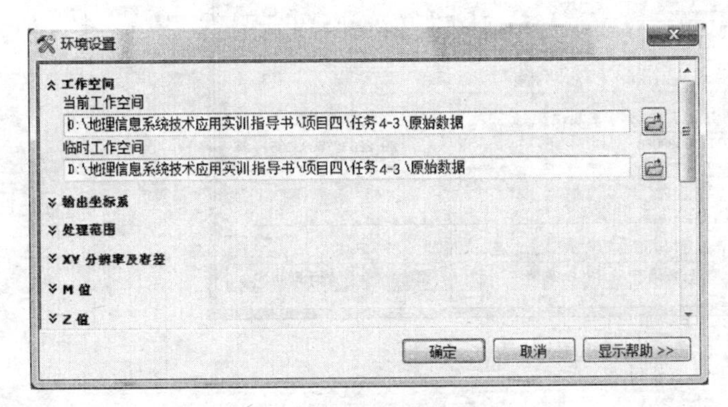

图 4-26　环境设置对话框

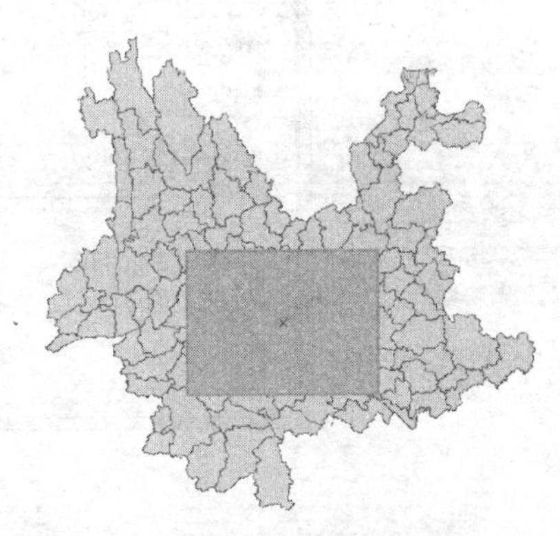

图 4-27　绘制裁剪区

(4)单击按钮,打开 ArcToolbox。依次单击选择【分析工具】/【提取】,双击【裁剪】,打开“裁剪”对话框,如图 4-28 所示。

在“输入要素”文本框右侧单击,选择“云南县界”要素层,在“裁剪要素”文本框右侧单击,选择“裁剪边框”要素层。在“输出要素类”文本框中键入输出数据的路径与名称。“XY 容差(可选)”在此忽略。单击【确定】,执行裁剪操作,裁剪结果如图 4-29 所示。

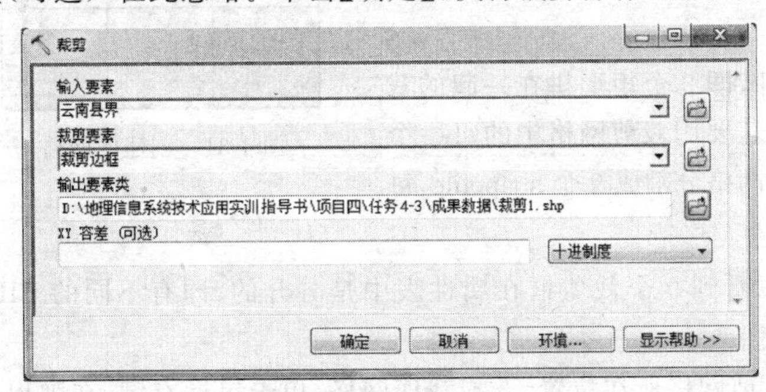

图 4-28　裁剪对话框

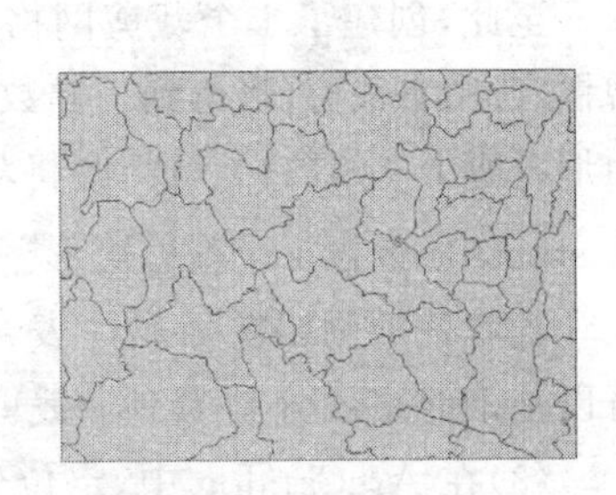

图 4-29　裁剪结果

2. 按指定网格批量裁剪数据

(1)打开 ArcToolbox。展开【数据管理工具】/【要素类】,双击【创建鱼网】,打开"创建鱼网"对话框,如图 4-30 所示。

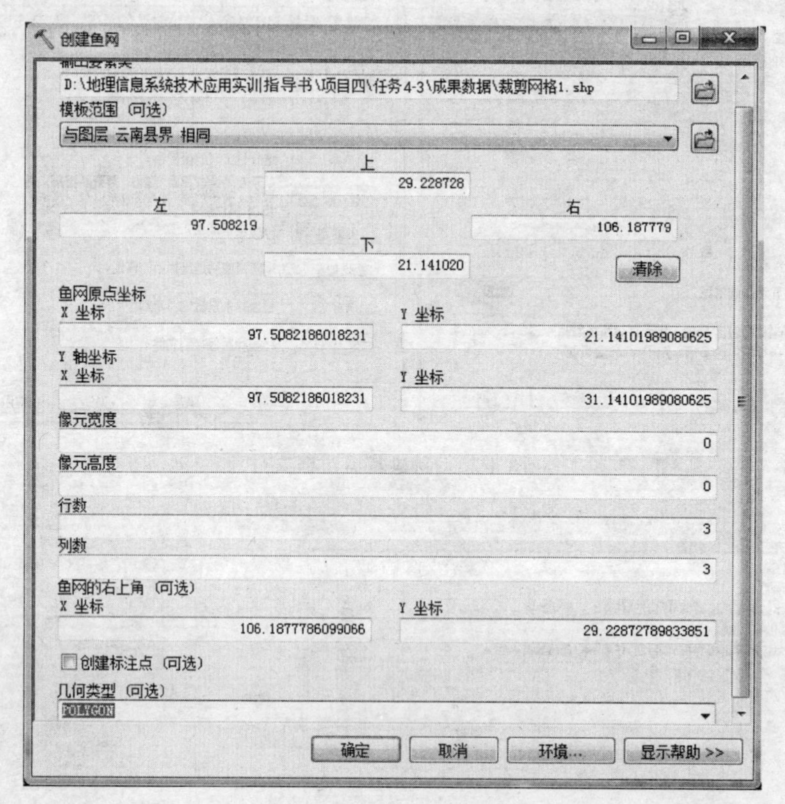

图 4-30 创建鱼网对话框

(2)单击"输出要素类"文本框右侧的,定位到"任务 4-3\成果数据"文件夹,输出要素名称为"裁剪网格";选择模板范围为"与图层云南县界相同",使即将生成的网格覆盖云南县界范围,则在对话框中自动显示出裁剪网格的最小外接矩形和鱼网坐标,输入像元宽度和高度分别为"0",输入网格行数和列数分别为"3",取消勾选"创建标注点(可选)",选择几何类型为"POLYGON",单击【确定】,完成 3×3网格的创建,如图 4-31 所示。

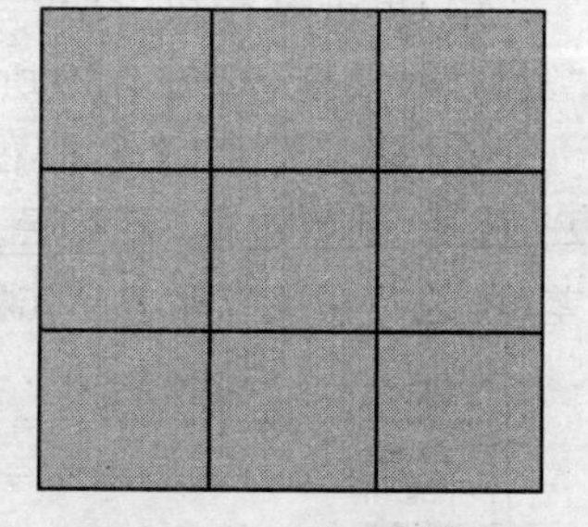

图 4-31 创建的网格

至此,创建了 1 个裁剪网格文件,即 9 个矩形拼在一起的裁剪框,若用它裁剪,将得到一幅数据,若要用裁剪网格中的每一个矩形裁剪出 9 幅数据,就需要将裁剪网格分割成 9 个 shapefile,每个 shapefile 包含 1 个裁剪矩形。

查看裁剪网格要素属性表,可以看到 9 个裁剪框在属性表中是分开的,即有不同的 FID,可以基于此字段分割为 9 个裁剪框。

(3)在 ArcCatalog 中,定位到裁剪网格所在位置,选择裁剪网格,单击鼠标右键,在弹出的快捷菜单中执行【属性】命令,弹出"属性"设置对话框,如图 4-32 所示。单击【字段】选项卡,添加名称为“t”、数据类型为“文本”的字段。

(4)在 ArcMap 中添加裁剪网格要素层,内容列表中选择裁剪网格,单击鼠标右键,执行快捷菜单命令【打开属性表】,选中字段列“t”,单击鼠标右键,执行快捷菜单命令【字段计算器】,弹出“字段计算器”对话框,如图 4-33 所示。双击字段列表中的“FID”,将其添加到最下方的代码编辑框中,单击【确定】,将“FID”字段值转换为文本类型,赋给“t”字段,如图 4-34 所示,单击【确定】。

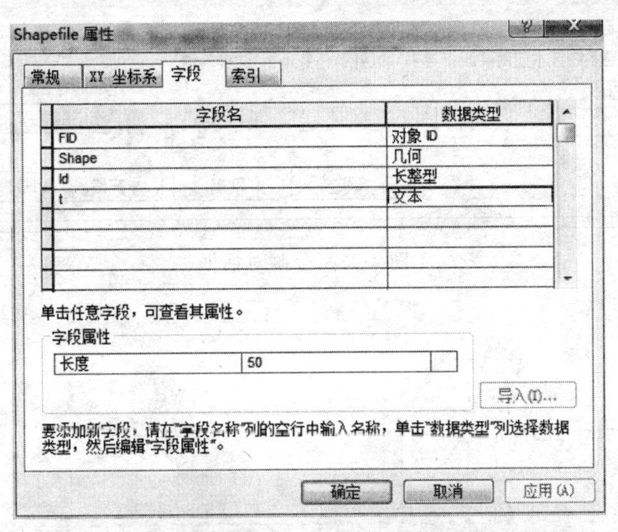

图 4-32 添加字段对话框

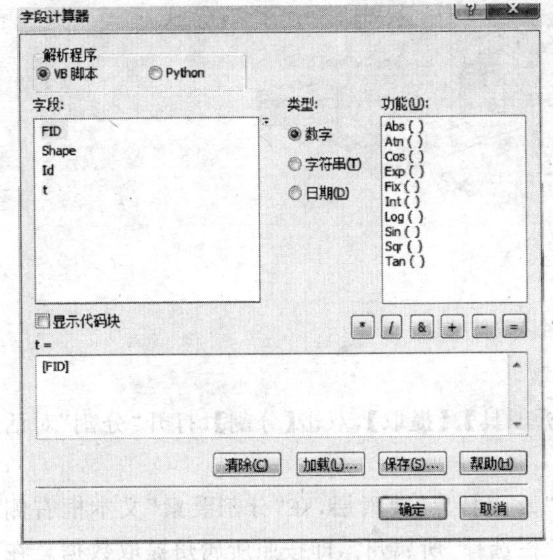

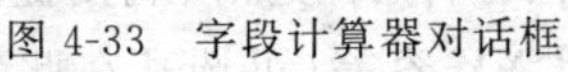

图 4-33 字段计算器对话框

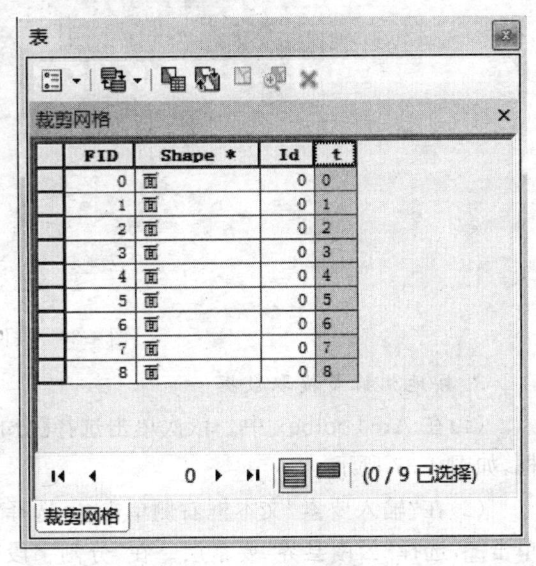

图 4-34 “t”字段值生成

(5)在 ArcToolbox 中,依次单击选择【分析工具】/【提取】,双击【分割】,打开“分割”对话框,如图 4-35 所示。在“输入要素”栏选择“云南县界”,在“分割要素”栏选择“裁剪网格”,在“分割字段”栏选择“t”,在“目标工作空间”栏键入输出要素的位置,单击【确定】,执行分割操作,将云南县界数据分割成 9 块,同时生成 9 个 shapefile,并以“t”字段值命名相应文件,分割结果如图 4-36 所示。

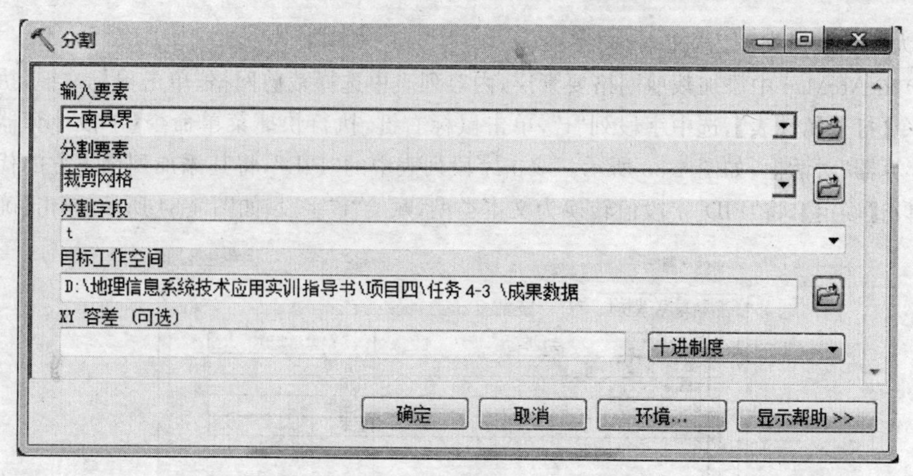

图 4-35 分割对话框

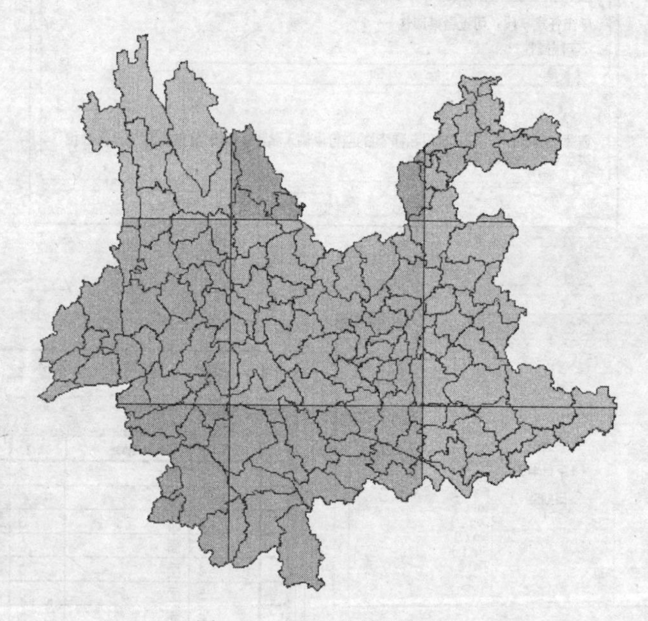

图 4-36 按网格裁剪结果

3. 按地州批量提取数据

(1)在 ArcToolbox 中。依次单击选择【分析工具】/【提取】,双击【分割】,打开“分割”对话框,如图 4-37 所示。

(2)在“输入要素”文本框右侧单击,选择“云南县界”要素层,在“分割要素”文本框右侧单击,选择“云南县界”要素层。在“分割字段”栏选择“所属州”,即按照所属州提取数据。在“目标工作空间”文本框右侧单击,指定数据输出位置,“*XY* 容差(可选)”在此忽略。单击【确定】,执行分割操作。在指定的输出位置中自动生成云南省各个地州的县界数据。

4. 按指定条件提取数据

(1)依次单击选择【分析工具】/【提取】,双击【筛选】工具,打开“筛选”操作对话框,如图 4-38 所示。在“输入要素”文本框右侧单击,选择“云南县界”要素层,在“输出要素类”文本框右侧单击,在指定输出位置键入数据名称。

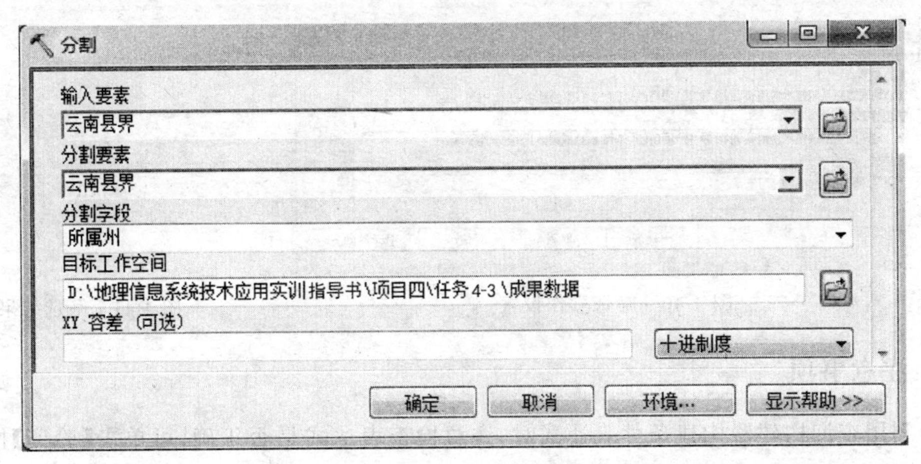

图 4-37　分割对话框

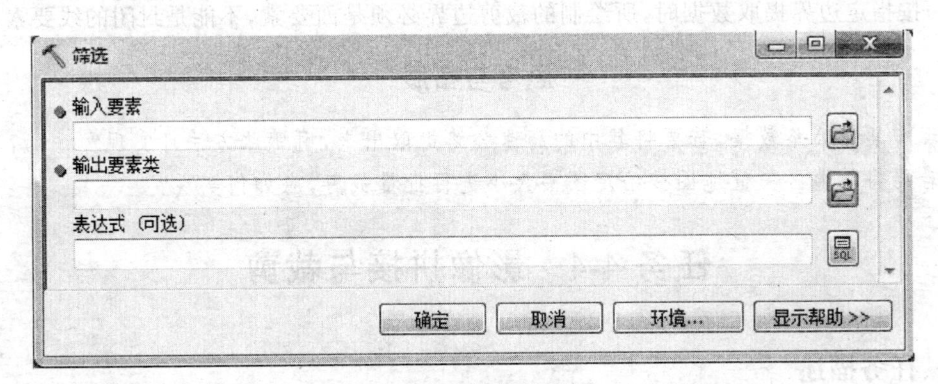

图 4-38　筛选对话框

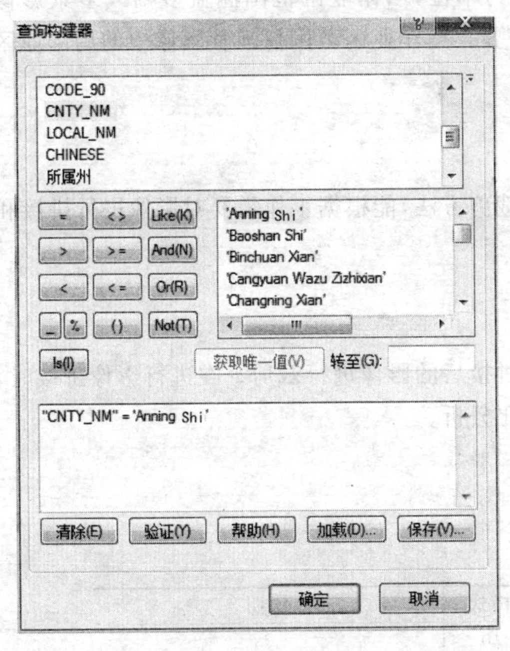

图 4-39　查询构建器

(2)在“表达式(可选)”文本框右侧单击▤,弹出“查询构建器”对话框,如图 4-39 所示。在字段列表栏中选择“CNTY_NM”,单击【获取唯一值(V)】按钮,在字段值列表中列出“CNTY_NM”字段的所有值。若要提取安宁市的数据,在字段列表中双击选择“CNTY_NM”字段,单击“=”按钮,在字段值列表中双击选择“Anning Shi”,则在该对话框最下方的列表中显示条件表达式为:CNTY_NM=Anning Shi。

(3)单击【确定】,返回“筛选”对话框,在表达式文本框中显示所构建的查询语句,如图 4-40 所示。单击【确定】,执行筛选操作,提取安宁市数据,如图 4-41 所示。

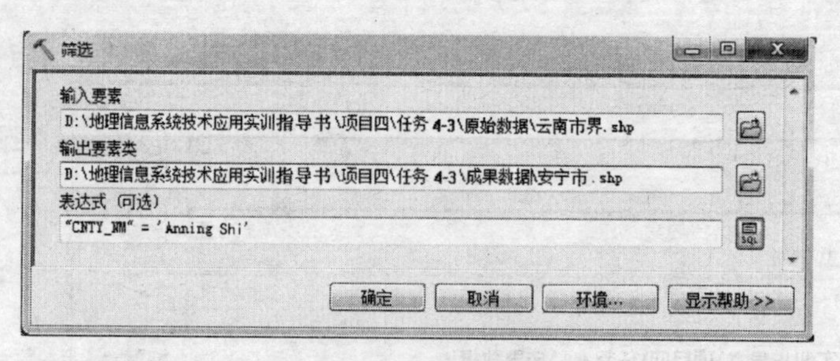

图 4-40 筛选操作设置

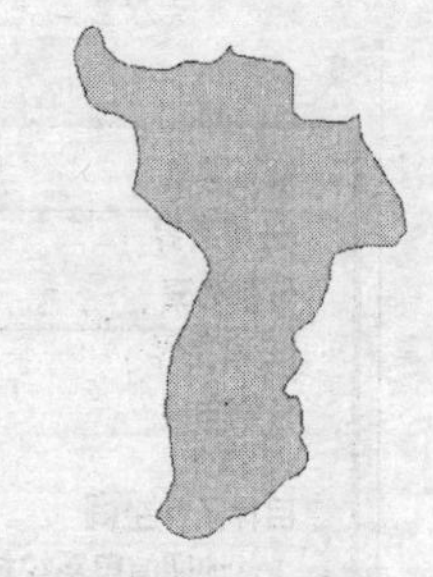

图 4-41 筛选结果

五、注意事项

（1）利用查询构建器构建条件表达式时，注意检查表达式是否正确，可单击【验证】按钮进行正确性检查。

（2）按指定边界提取数据时，所绘制的裁剪边界必须是面要素，不能是封闭的线要素。

思考与拓展

1.现有某省公路数据，若要将其中的高速公路提取出来，用哪些方法可实现？

2.若要将其地区矢量地图按给定图幅大小进行批量裁剪，应如何实现？

任务 4-4 影像拼接与裁剪

一、任务描述

通常，人们获取的航片和卫片都是以幅和景为单位，当作业区范围涵盖多幅或多景影像时，往往需要对影像数据进行拼接，以满足生产需要。当作业区范围仅涉及影像中的局部地区时，需要通过裁剪提取作业区影像。

二、任务目标

掌握相邻影像的拼接方法和要求，掌握影像裁剪方法，能根据工作需要对影像进行拼接和裁剪处理。

三、任务内容及要求

完成相邻两幅影像的拼接，并利用裁剪框对拼接后的影像进行裁剪。在进行影像拼接时，可尝试用不同的镶嵌算法进行，对拼接效果作对比分析。

四、任务实施

（一）数据准备

路径	名称	格式	说明
项目四\任务 4-4\原始数据\	t1	tif	
项目四\任务 4-4\原始数据\	t2	tif	

图 4-42　待拼接的影像

(二)操作步骤

1. 影像拼接

(1)启动 ArcCatalog,单击按钮,打开 ArcToolbox,依次单击选择【数据管理工具】/【栅格】,双击【栅格数据集】/【镶嵌至新栅格】,弹出“镶嵌至新栅格”对话框,如图 4-43 所示。

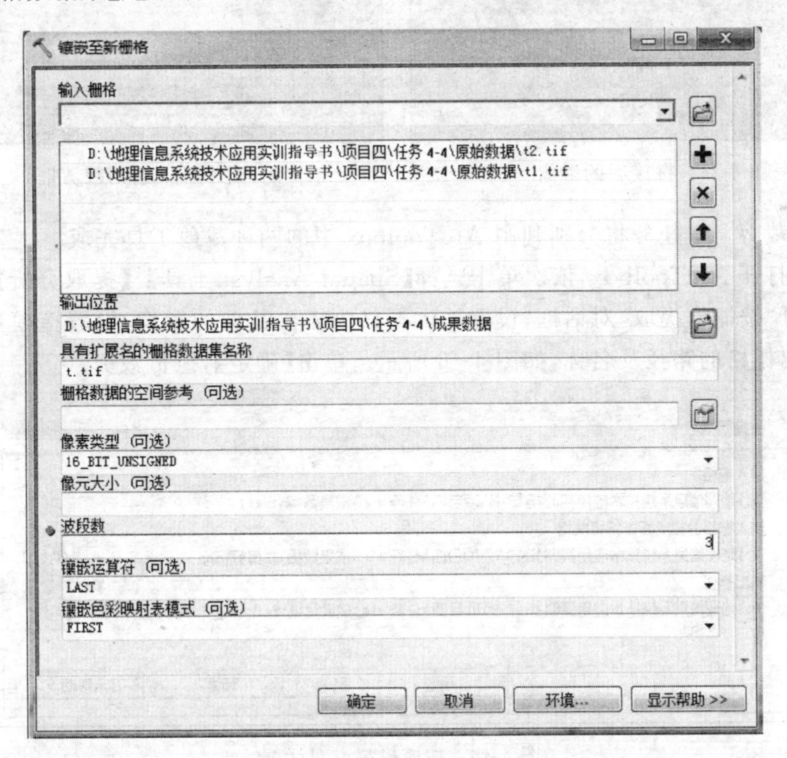

图 4-43　镶嵌至新栅格对话框

(2)在“输入栅格”文本框右侧单击，浏览选择参与拼接的数据，添加“t1.tif”、“t2.tif”影像。在“输出位置”文本框右侧单击，选择输出数据的存放路径，该路径可以指向某个文件夹或地理数据库。在“具有扩展名的栅格数据集名称”文本框中键入输出数据的名称。在“像素类型(可选)”下拉列表栏，设置输出数据的栅格类型为“16_bit_UNSIGNED”。在“波段数”栏设置输出数据的波段数为3。单击【确定】，执行拼接，拼接后的影像如图4-44所示。

2. 影像裁剪

(1)创建裁剪框。在ArcCatalog中，展开目录树到本任务成果数据所在文件夹，在内容窗口空白处单击鼠标右键，弹出快捷菜单，单击【新建】/【shapefile(s)】，在“新建shapefile”对话框中输入文件名为“裁剪框”，指定要素类型为“面”，单击【确定】，完成裁剪框文件的创建。

(2)绘制裁剪框。启动ArcMap，在标准工具栏上单击，将拼接后的影像和刚创建的裁剪框添加到当前地图中。单击，打开编辑器工具条。单击【开始编辑】，选择编辑图层为“裁剪框”。利用构面工具绘制一矩形面，该矩形区域将作为影像的裁剪范围，如图4-45所示。单击【保存编辑内容】，然后单击【停止编辑】。

图4-44　拼接后的影像

图4-45　绘制裁剪框

(3)影像裁剪。本任务将分别利用ArcToolbox中的两种裁剪工具完成。

方法一：打开ArcToolbox，依次单击选择【Spatial Analyst 工具】/【提取分析】，双击【按掩模提取】，打开“按掩模提取”对话框，设置输入栅格为需要裁剪的影像，设置掩模数据为“裁剪框”，设置输出栅格的路径及名称，如图4-46所示。单击【确定】，执行裁剪。

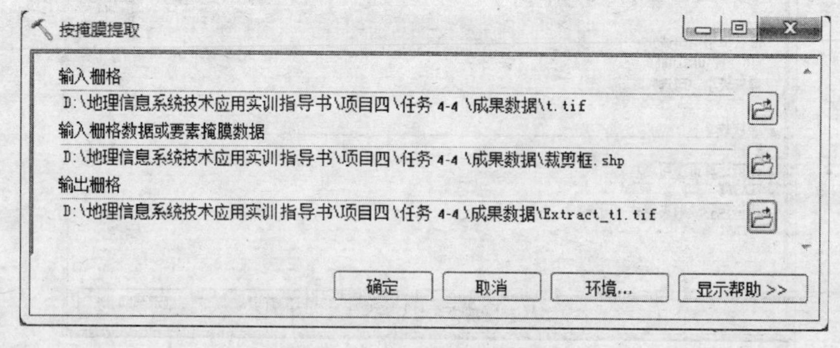

图4-46　按掩模提取对话框

方法二：打开 ArcToolbox，依次单击选择【数据管理工具】/【栅格】/【栅格数据处理】，双击【裁剪】，打开“裁剪”对话框，设置输入栅格为需要裁剪的影像，设置输出范围为裁剪框，设置输出栅格集的路径及名称，取消勾选“将输入要素用于裁剪几何(可选)”，如图 4-47 所示。单击【确定】，执行裁剪，裁剪结果如图 4-48 所示。

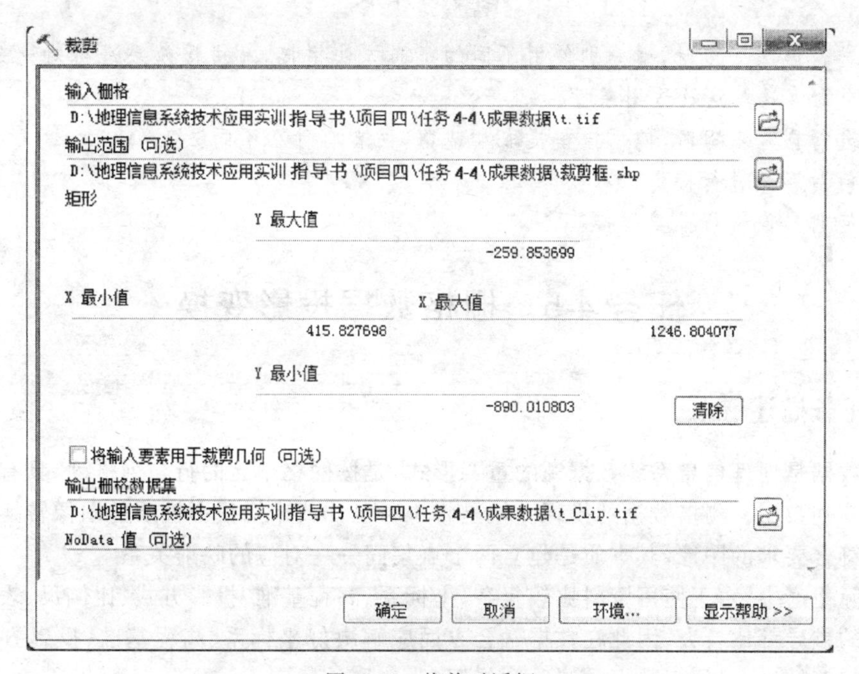

图 4-47　裁剪对话框

图 4-48　裁剪结果

五、注意事项

(1)拼接前，在 ArcCatalog 或 ArcMap 中打开影像，通过属性查看参与拼接的影像空间参考等信息，掌握影像数据情况。

(2)在设置拼接参数时，输出影像的波段数应与参与拼接的影像波段数相同。

(3)必须设置输出影像的像素类型,使其与现有影像数据集相匹配。如果不设置像素类型,将使用默认值8位,输出结果可能会不正确。

(4)参与拼接的影像应具有相同的空间参考。

思考与拓展

1. 在进行影像拼接时,请分别使用不同的镶嵌方法拼接,对拼接效果进行对比分析,进一步理解不同的镶嵌算法及适用条件。

2. 在进行影像裁剪时,使用掩模提取和裁剪,两者有什么不同?

3. 如何对影像进行批量裁剪?

4. 如何对影像进行批量拼接?

任务4-5 栅格数据投影变换

一、任务描述

栅格数据是地理信息系统数据源的重要形式,是按网格单元的行与列排列,具有不同灰度或颜色的阵列数据。栅格数据的投影变换是将一种已知或未知投影性质的图像转换为另一种投影性质符合要求的图像,其本质是建立两个点集间一一对应的映射关系。

在实际生产中,由于使用资料比较复杂,坐标系、高程基准、投影方式、比例尺、表示方法等相互之间的差异都比较大,因此在数据融合方面应解决好坐标系、高程基准、投影方式和表示方法间的相互转换,以便于数据的统一和使用。

二、任务目标

掌握栅格数据的投影变换方法,理解栅格数据投影变换的基本原理,熟悉各种投影变形特点,能熟练利用ArcGIS工具对栅格数据进行投影变换。

三、任务内容及要求

完成一幅影像的投影变换。将图像由原来的1954北京坐标系转换为WGS-84坐标系。

四、任务实施

(一)数据准备

路径	名称	格式	说明
项目四\任务4-5\原始数据\	Pro	tif	坐标系为“GCS_Beijing_1954”

(二)操作步骤

(1)启动ArcMap,新建地图文档,将本任务原始数据文件夹中的影像“Proj.tif”添加到当前文档中,可以看到,在状态栏以经纬度显示坐标信息,如图4-49所示。在内容列表栏选中该数据层,单击鼠标右键,执行快捷菜单中【属性】命令,在“源”选项卡中可查看该图像栅格信息、空间参考等属性,如图4-50所示。

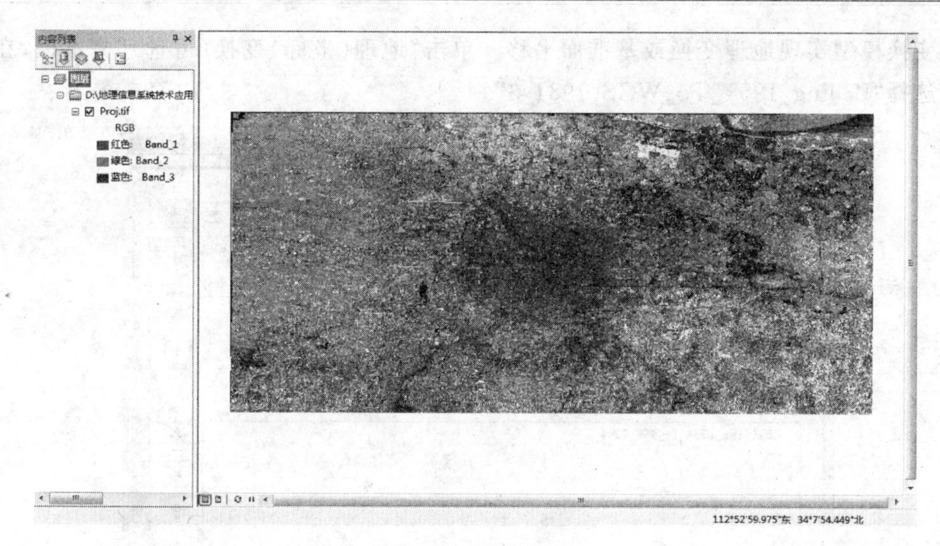

图 4-49 影像显示

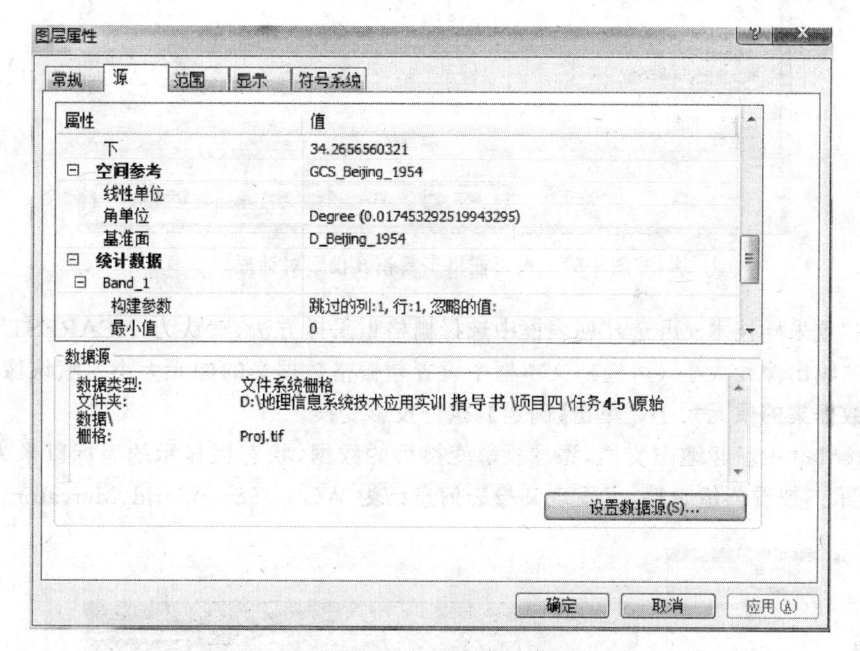

图 4-50 影像属性查看

(2)单击按钮,打开 ArcToolbox,依次单击选择【数据管理工具】/【投影变换】/【栅格】,双击【投影栅格】,打开“投影栅格”对话框,如图 4-51 所示。

(3)单击“输入栅格”文本框右侧的按钮,选择需要进行投影的栅格数据。

(4)单击“输出栅格”文本框右侧的按钮,设置投影变换后生成的新栅格数据及路径。

(5)单击“输出坐标系”文本框右侧的按钮,选择要应用到输出数据的坐标系。在弹出的“空间参考属性”对话框中,单击【选择】按钮,指定输出坐标系。这里选择“Projected Coordinate Systems/World/WGS 1984 World Mercator.prj”。

(6)地理变换选择。由于投影变换前后的坐标系统所基于的椭球体及基准面不同,需要通过地理变换模型实现地理变换或基准面平移。单击“地理（坐标）变换（可选）”文本框，在下拉列表中选择“Beijing_1954_To_WGS_1984_3”。

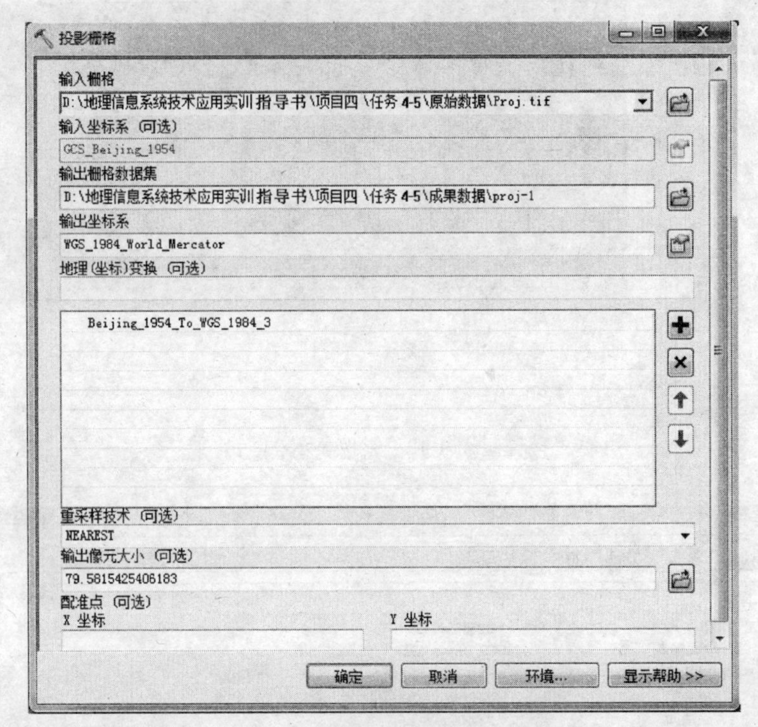

图 4-51　投影栅格工具箱及投影对话框

（7）在“重采样技术（可选）”列表框中选择栅格重采样方法，默认为“NEAREST”。

（8）在“输出像元大小（可选）”文本框中设置新栅格数据集的像元大小。默认像元大小为所选栅格数据集的像元大小。单击【确定】，执行投影变换。

在 ArcMap 中新建地图文档，添加投影变换后的数据，状态栏显示的坐标以米为单位；如图 4-52 所示。查看影像属性，可发现其投影信息已为 WGS_1984_World_Mercator。

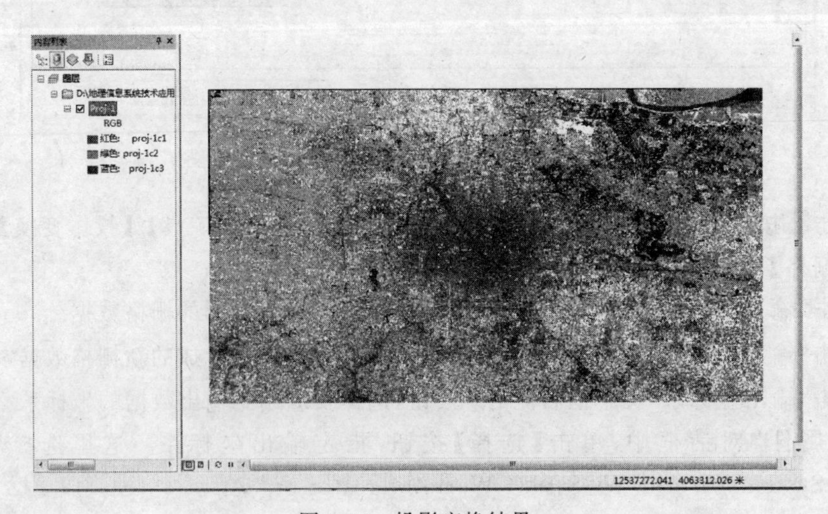

图 4-52　投影变换结果

五、注意事项

(1)任何投影变换都存在误差,栅格投影变换也不例外,对栅格投影变换的结果进行分析是必要的。

(2)重采样方法选择。默认设置为“NEAREST”。NEAREST 是最邻近分配法,BILINEAR 是双线性插值法,CUBIC 是三次卷积插值法,MAJORITY 是多数重采样法。NEAREST 和 MAJORITY 选项用于分类数据,如土地利用分类。NEAREST 选项是默认设置,因为它是最快的插值法,同时也因为它不会更改像元值。不能对连续数据(如高程表面)使用 NEAREST 或 MAJORITY。BILINEAR 选项和 CUBIC 选项适用于连续数据。不推荐对分类数据使用 BILINEAR 或者 CUBIC,因为像元值可能被更改。

思考与拓展

1.投影存在哪些变形?如何控制投影变形?

2.图像配准和图像投影变换是什么关系?

项目五　空间分析

[项目概述]

空间分析是对分析空间数据有关技术的统称。根据作用的数据性质不同，可以分为：①基于空间图形数据的分析运算；②基于非空间属性的数据运算；③空间和非空间数据的联合运算。

进行空间分析的基础是地理空间数据库，运用手段包括各种几何的逻辑运算、数理统计分析、代数运算等数学手段，最终的目的是解决人们涉及地理空间的实际问题，提取和传输地理空间信息，特别是隐含信息，以辅助决策。本项目由四个学习任务组成，包括制作山体阴影、学校选址、创建网络和查找最佳路径。

[学习目标]

熟悉 ArcGIS 的空间分析功能、操作及应用，掌握利用搜索方式查找并使用 ArcToolbox 中工具的方法，进一步理解 GIS 空间分析基本原理。

任务 5-1　制作山体阴影

一、任务描述

山体阴影是一种 DEM 可视化技术，它在模拟光照条件下生成具有三维效果的二位平面图。使用山体阴影，可以制作形象美观、立体感强烈的二维地图，是现代数字制图中非常重要的手段之一。对于大型山体阴影制作来说，如何生成高质量的山体阴影，如何减小其数据量，便于传输，具有实际意义。

当山体阴影按照在 ArcMap 中设置的透明度在其他图层下方显示时，其视觉效果非常明显。

二、任务目标

掌握如何启用 ArcGIS 空间分析（Spatial Analyst）扩展模块、访问空间分析工具条以及搜索地理处理工具，如何创建山体阴影、建立直方图等。

三、任务内容及要求

使用 ArcGIS 的空间分析模块，利用高程数据创建山体阴影，设置山体阴影透明度，将其与土地利用图叠加显示，实现立体显示效果。

四、任务实施

（一）数据准备

路径	名称	格式	说明
项目五\任务 5-1\原始数据\项目 5-1.gdb	elevation	栅格数据集	高程数据

续表

路径	名称	格式	说明
项目五\任务 5-1\原始数据\项目 5-1.gdb	landuse	栅格数据集	土地利用数据
项目五\任务 5-1\原始数据\项目 5-1.gdb	road	矢量要素类	道路数据
项目五\任务 5-1\原始数据\项目 5-1.gdb	schools	矢量要素类	现有学校分布数据
项目五\任务 5-1\原始数据\项目 5-1.gdb	res_sites	矢量要素类	小区分布数据

(二)操作步骤

1. 启动空间分析模块

(1)打开地图文件“项目 5-1.mxd”,如图 5-1 所示。单击菜单【自定义】/【扩展模块】,弹出“扩展模块”对话框,如图 5-2 所示。勾选“Spatial Analyst”,单击【关闭】。

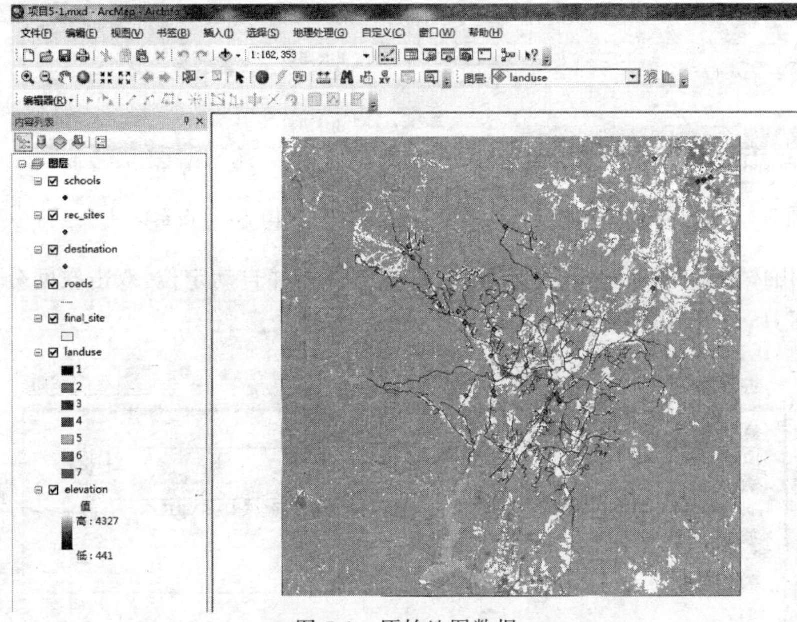

图 5-1　原始地图数据

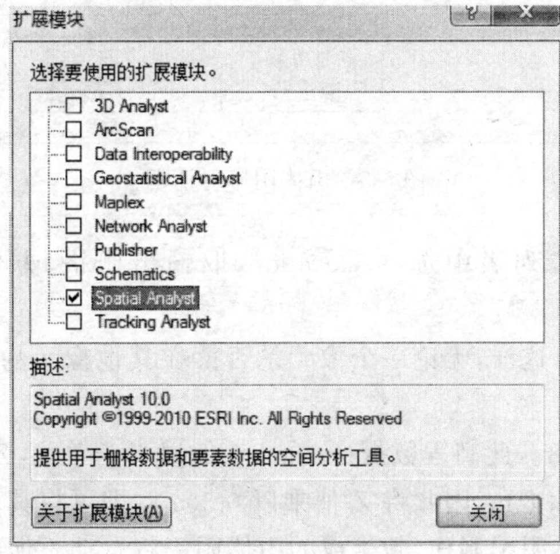

图 5-2　扩展模块对话框

(2)添加 Spatial Analyst 工具条。单击菜单【自定义】/【工具条】/【Spatial Analyst】命令。Spatial Analyst 工具条即被添加到 ArcMap 中,如图 5-3 所示。

2. 创建山体阴影

(1)打开山体阴影工具。在标准工具栏中单击搜索按钮,弹出"搜索"窗口。单击【工具】,在文本框中输入"山体阴影",单击搜索按钮,找到两个山体阴影工具:山体阴影(3D Analyst)和山体阴影(空间分析),如图 5-4 所示。

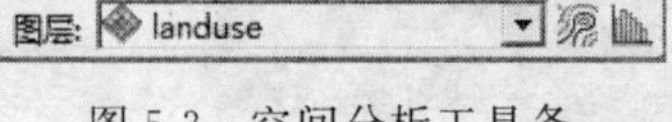

图 5-3 空间分析工具条

图 5-4 搜索窗口

(2)单击山体阴影(空间分析)绿色链接,打开工具箱并自动定位,双击空间分析工具集中的山体阴影工具,打开"山体阴影"对话框,如图 5-5 所示。

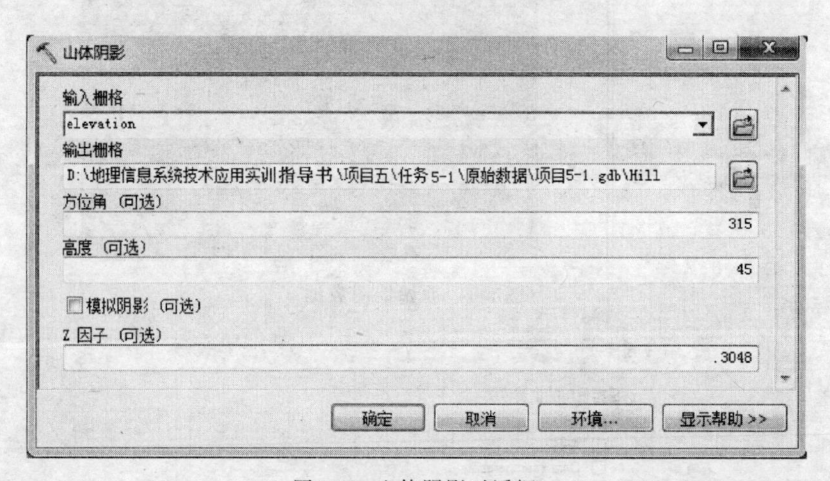

图 5-5 山体阴影对话框

在"输入栅格"栏下拉列表中选择 elevation,取输出栅格、方位角和高度角参数的默认值。

取消勾选"模拟阴影",这样,无论一个像元是否落在其他像元的阴影内,都只计算表面的局部照明度。

输入 Z 因子值 0.304 8。此高程数据中的 x,y 值以米为单位,Z 值(高程值)以英尺为单位。由于 1 英尺等于 0.304 8 m,因此将 Z 值乘以 0.304 8,即可将其单位转换为米。

单击【确定】,执行山体阴影制作,新生成的山体阴影将自动添加到当前地图中。

3. 显示和浏览数据

更改其中一个图层的符号系统并应用透明度，以便让山体阴影显示在视图中其他图层的下方。

(1)在内容列表中，单击工具，将图层按绘制顺序列出。拖曳山体阴影图层至 landuse 图层下方。

(2)取消勾选内容列表中的 elevation 图层。

(3)在内容列表中右键单击 landuse 图层，然后单击【属性】，打开“图层属性”对话框，如图 5-6 所示。

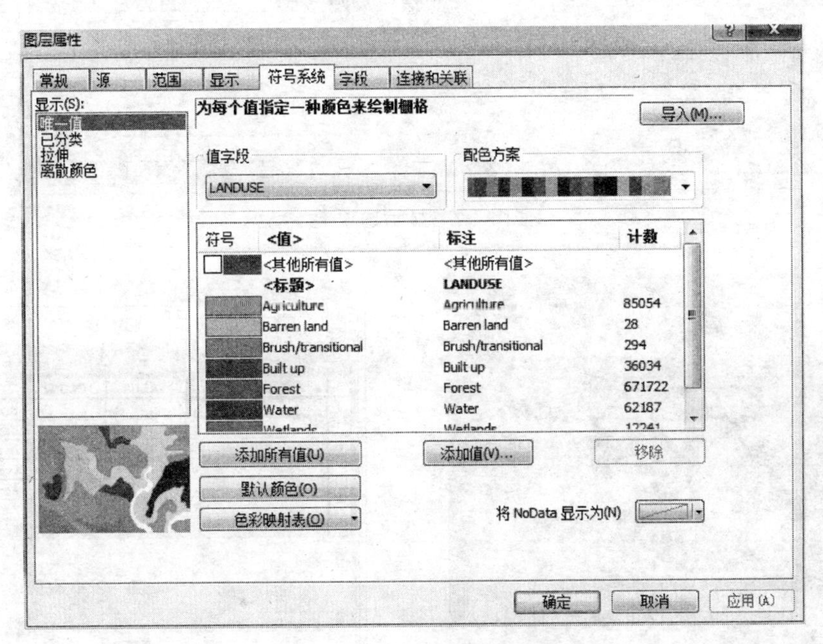

图 5-6　图层属性对话框

(4)单击【符号系统】选项卡。选择【唯一值】单击“值字段”下拉箭头并选择 LANDUSE。这是 landuse 图层属性表中用于描述各种土地利用类型的字符串字段。

双击每个颜色符号，并为每种土地利用类型选择适合的颜色。例如，用橙色表示农业区(Agriculture)；用红色表示建成区(Built up)；用绿色表示森林(Forest)；用蓝色表示水域(Water)；用紫色表示湿地(Wetlands)。单击【应用】按钮。

(5)单击【显示】选项卡，将透明度从 0% 更改为 40%，单击【确定】，如图 5-7 所示。

此时可在 landuse 图层下面看到山体阴影图层，如图 5-8 所示，地形效果变得生动形象。

4. 选择地图上的要素

(1)在内容列表中右键单击 landuse 图层，单击【打开属性表】，打开属性表窗口，如图 5-9 所示。通过检查属性表，可以了解数据集中每个属性值的像元数。COUNT 字段标识了数据集中各属性值的像元数。可以看到，森林(Forest，值为 6)的像元数最多，其次是农业(Agriculture，值为 5)和水域(Water，值为 2)。

(2)单击表示湿地(Wetlands，值为 7)的行，所选栅格像元集(土地利用类型为湿地的所有区域)会在地图上高亮显示出来，如图 5-10 所示。

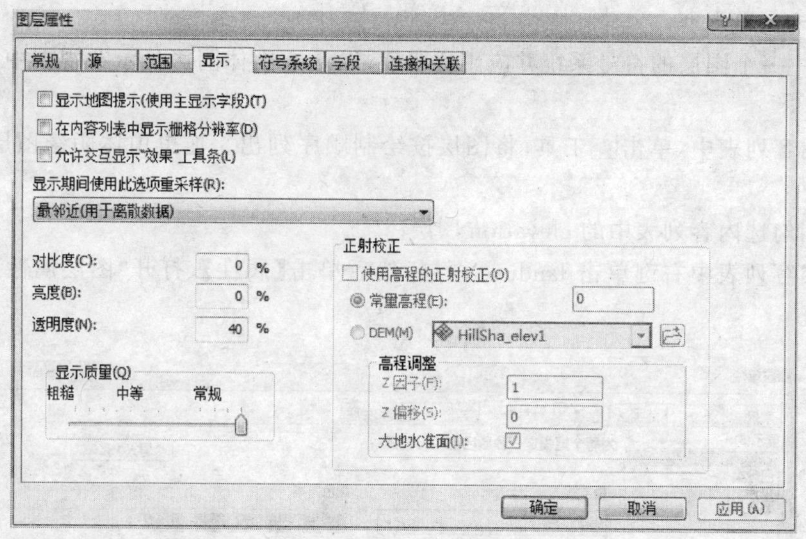

图 5-7　显示选项卡

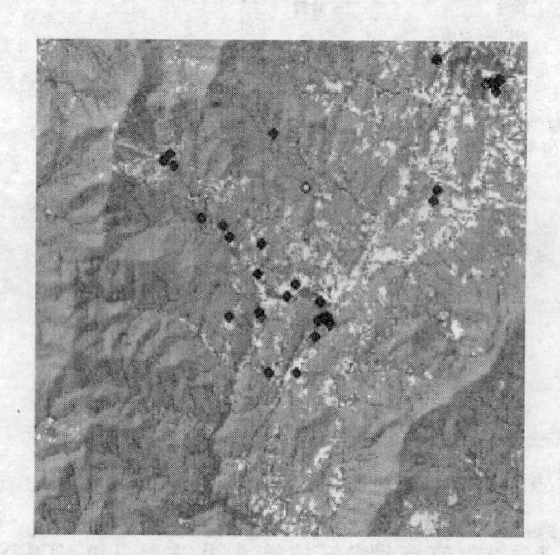

图 5-8　土地利用和山体阴影地图

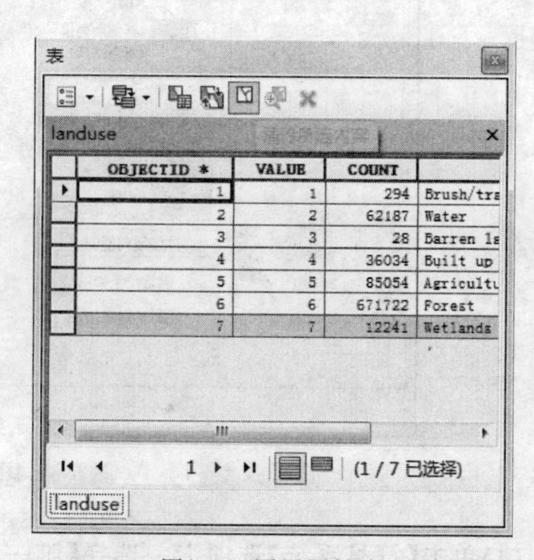

OBJECTID *	VALUE	COUNT	
1	1	294	Brush/tra
2	2	62187	Water
3	3	28	Barren la
4	4	36034	Built up
5	5	85054	Agricultu
6	6	671722	Forest
7	7	12241	Wetlands

图 5-9　图层属性表

(3)单击“表”窗口菜单中的☒按钮，取消选择当前选中的所有记录。

5. 识别地图上的要素

单击识别工具ⓘ，然后单击地图上的任意位置，弹出“识别”对话框，如图 5-11 所示。选择识别范围为“所有图层”。单击图上任一 rec_sites 点以识别此位置的要素。

6. 制作直方图

在 Spatial Analyst 工具条上单击【图层】下拉箭头，选择 landuse。单击直方图按钮。直方图显示每种土地利用类型的像元数，如图 5-12 所示。

图 5-10　高亮显示所选要素

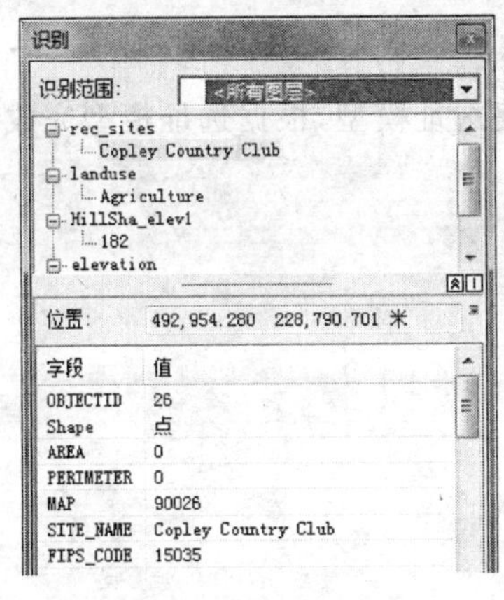

图 5-11　识别对话框

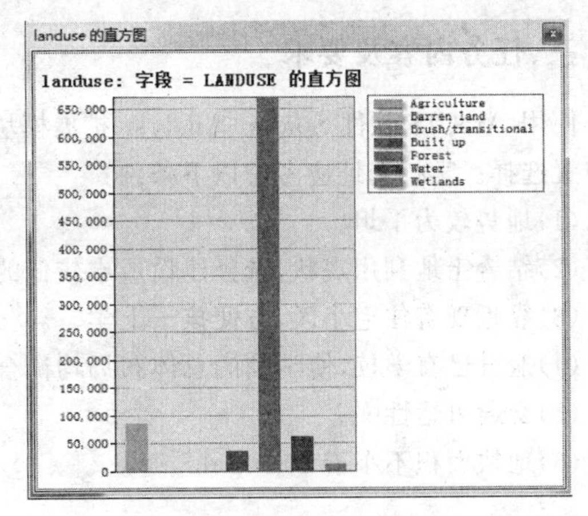

图 5-12　直方图

五、注意事项

(1)在制作山体阴影时,如果输入数据的坐标是地理坐标系(例如,x,y 值使用球面测量单位,如十进制度或十进制秒),那么设置一个合适的 Z 因了对于获得理想的效果至关重要。

(2)Z 因子还可用于地形夸大。

(3)太阳方位角以正北方向为 0°,按顺时针方向度量,90°方向为正东方向。为符合人眼视觉习惯,通常默认为 315°,即西北方向。

(4)太阳高度角为光线与水平面之间的夹角,为符合人眼视觉习惯,通常默认为 45°。默认情况下,ArcGIS 中提取的光照灰度表面值范围为 0～255。

思考与拓展

1.山体阴影的基本原理是什么?

2.如何利用高程数据计算得到制作山体阴影所需的坡度、坡向数据?

任务 5-2　学校选址

一、任务描述

基础教育设施布局是否科学合理,直接关系到教育资源的利用效率和学校的教育教学质量。随着经济社会的快速发展,旧区改造、新区开发、城市辖区向四周不断延伸,城区人口也在不断增长,学校布局问题凸显。由此带来了如教育资源不均衡,学生上学不便,出行安全得不到保障等一系列问题,得到政府部门和社会越来越多的重视。本任务将利用 GIS 空间分析方法,结合现有专题数据进行学校选址分析。

二、任务目标

掌握如何应用 GIS 空间分析方法,综合考虑学校布局和选址的各种因素,构建学校选址模型,选择新学校的最佳位置;培养分析和解决与地理位置有关的实际问题的能力。

三、任务内容及要求

使用 ArcGIS 软件 Spatial Analyst 扩展模块工具构建选址模型，根据选址模型完成学校的位置选择。学校选址应考虑以下条件：

(1)地势较为平坦。

(2)结合土地利用现状，选择建设成本较低的地区。

(3)靠近现有住宅小区，方便孩子上学。

(4)避开已有学校，使学校的总体布局均衡合理。

(5)交通可达性强。

(6)地块面积不小于 40 000 m^2。

四、任务实施

(一)数据准备

路径	名称	类型	说明
项目五\任务 5-2\原始数据\ Stowe.gdb	elevation	栅格数据集	高程数据
项目五\任务 5-2\原始数据\ Stowe.gdb	landuse	栅格数据集	土地利用数据
项目五\任务 5-2\原始数据\ Stowe.gdb	road	矢量要素类	道路数据
项目五\任务 5-2\原始数据\ Stowe.gdb	schools	矢量要素类	现有学校分布数据
项目五\任务 5-2\原始数据\ Stowe.gdb	res_sites	矢量要素类	小区分布数据

(二)操作步骤

1. 创建新工具箱

创建一个新工具箱存储选址模型，利用选址模型执行一系列空间分析任务，完成学校选址。选址模型创建后，可以轻松使用参数值、不同的输入数据或反复运行以进行测试，并与其他用户共享。

启动 ArcCatalog，在“项目五\任务 5-2”文件夹中右键单击【创建一个新的工具箱】，并命名为 Site Analysis Tools1。

2. 创建模型

(1)右键单击 Site Analysis Tools1 工具箱，然后单击【新建】/【模型】，如图 5-13 所示。

图 5-13 模型构建器窗口

(2)在模型构建器窗口中,单击菜单【模型 】/【模型属性】,弹出“模型属性”设置对话框,如图 5-14 所示。单击【常规】选项卡,在“名称”文本框中输入“Find school”,在“标签”文本框中输入“Find location for school”。名称有可能在脚本和 Python 窗口中调用,而标签则是模型本身的显示名称。勾选“存储相对路径名(不是绝对路径)”复选框,选中此选项可相对于工具箱的位置设置工具引用的所有源路径,即便模型被移至不同的目录,仍然能够被成功执行。

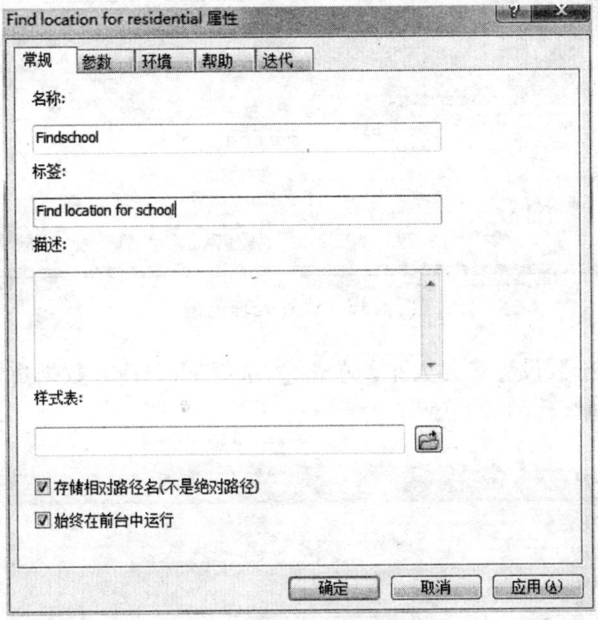

图 5-14　模型属性对话框

(3)单击【环境】选项卡,展开“处理范围”,勾选“范围”。展开“栅格分析”,勾选“像元大小”。展开“工作空间”,勾选“当前工作空间”和“临时工作空间”,单击【值】按钮,如图 5-15 所示。

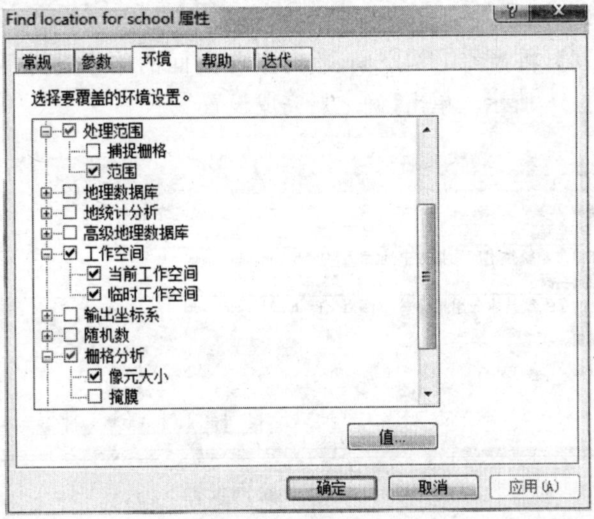

图 5-15　环境设置

(4)展开【处理范围】,设置范围。单击,选择 elevation 数据集,下拉列表中显示“与数据集 elevation 相同”,如图 5-16 所示。

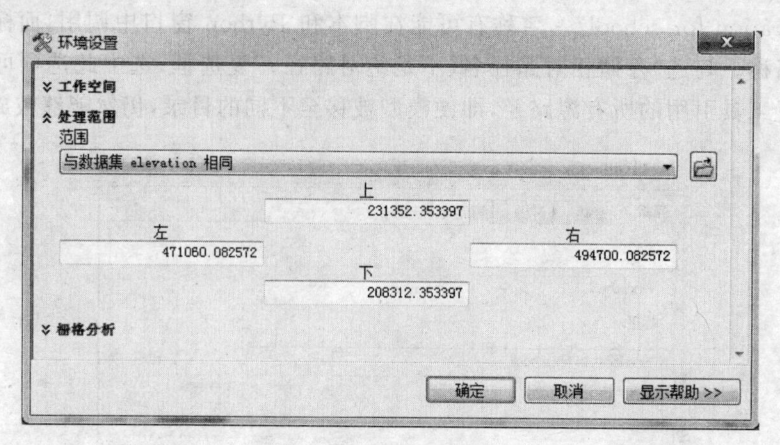

图 5-16 设置处理范围

(5)展开【栅格分析】,设置像元大小。单击,选择 elevation 数据集,下拉列表中显示“与数据集 elevation 相同”,如图 5-17 所示。

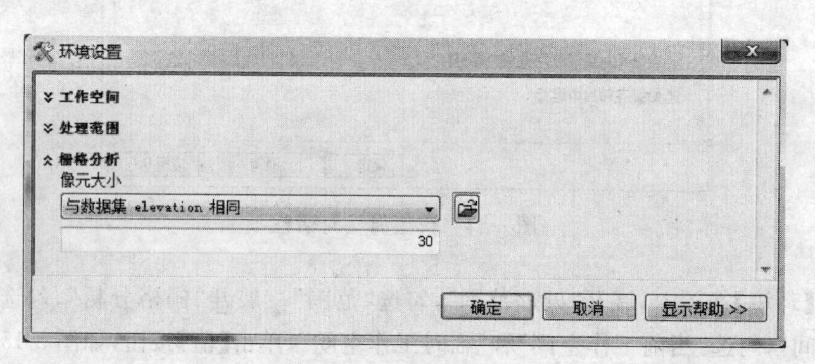

图 5-17 设置像元大小

(6)展开【工作空间】,将当前工作空间、临时工作空间的路径设为“...\项目五\任务 5-2\conduct.mdb ”,如图 5-18 所示。单击【确定】,完成设置。

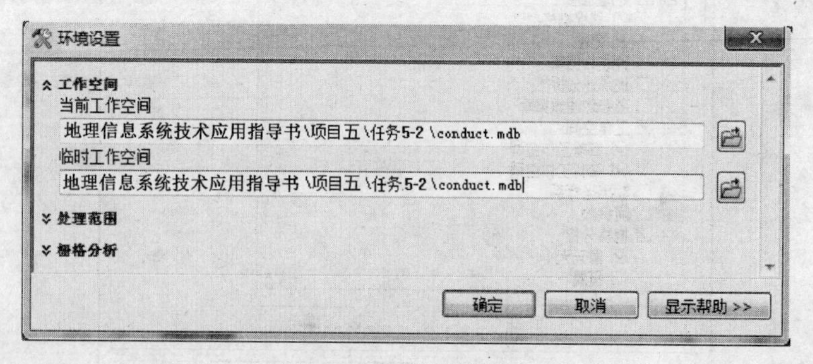

图 5-18 工作空间设置

3. 派生成本数据

根据现有数据派生出供学校选址参考的成本数据，包括坡度数据、到现有学校距离数据和到现有住宅小区距离数据。步骤如下：

(1)打开“项目五\任务 5-2\”文件夹中的地图文件“5-2.mxd”。在 ArcMap 的内容列表中，将图层 elevation、res_sites 和 schools 拖至模型构建器中，或在模型构建器中单击菜单【插入】/【添加数据或工具(D)...】，浏览至数据所在文件夹下 stowe.gdb 数据库，将 elevation、res_sites 和 schools 添加到模型中。

(2)在 ArcCatalog 中，单击工具栏中的搜索工具，打开“搜索”窗口。单击【工具】，在文本框中输入“坡度”，单击搜索按钮或直接回车，找到两个坡度工具：坡度(3D Analyst)和坡度(空间分析)，定位到空间分析中的坡度工具。将坡度工具拖至模型中，然后将该工具与 elevation 数据对齐。即创建了一个引用坡度工具的元素。

(3)使用同样的方法搜索欧氏距离工具，从工具箱中将欧氏距离工具拖至模型中，然后将该工具与 res_sites 对齐。

(4)在模型中重复添加欧氏距离工具，并与 schools 对齐。如图 5-19 所示。

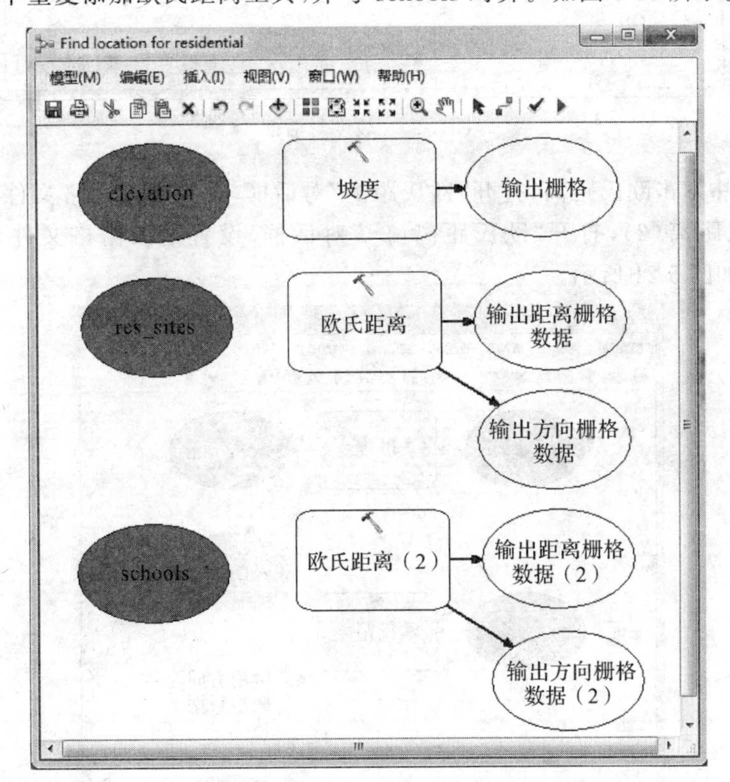

图 5-19　模型构建框架

注意，在向模型中重复添加同一工具时，工具元素的名称会自动附加一个数字，以示区别。如第二次往模型中添加欧氏距离时，工具元素名称默认为“欧氏距离 (2)”，如图 5-19 所示。右键单击该元素，可以对其重命名。

(5)单击工具条中的添加连接工具，单击 elevation，选择【输入栅格】，然后单击坡度工具，将 elevation 与坡度工具相连接。此时，坡度和输出栅格图形自动填上颜色，表示该过程已准备就绪,可以运行。如果现在运行模型,将使用工具的默认参数。

(6)单击工具,单击 res_sites,选择【输入栅格数据或要素源数据】,然后单击欧氏距离工具,将 res_sites 连接到欧氏距离工具。重复相同操作,将 schools 连接到欧氏距离 (2)工具。

(7)单击自动布局按钮和全图按钮,调整模型中各元素在窗口中的布局和显示。单击保存按钮,保存模型。

(8)在模型中右键单击坡度工具,然后单击【打开】,或者双击坡度,打开"坡度"对话框。保留输入栅格和输出测量单位的默认值,设置输出栅格文件名为"Slope_out"。设置输入 Z 因子为 0.304 8,如图 5-20 所示。单击【确定】,返回模型构建器窗口。

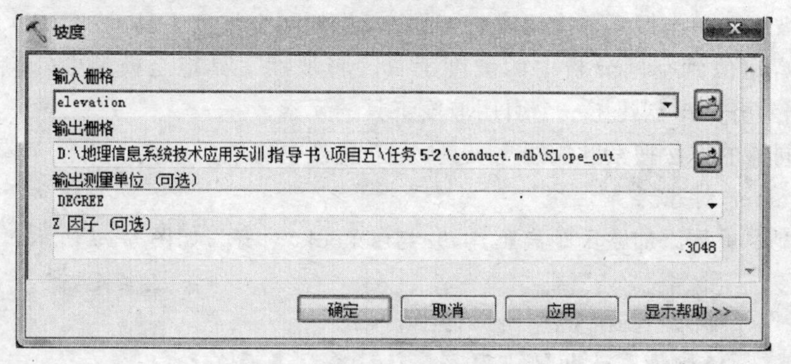

图 5-20 坡度对话框

(9)在模型中双击欧氏距离,打开"欧氏距离"对话框,设置输出栅格文件名为"EucDist_res"。双击欧氏距离(2),打开"欧氏距离(2)"对话框,设置输出栅格文件名为"EucDist_school"。结果如图 5-21 所示。

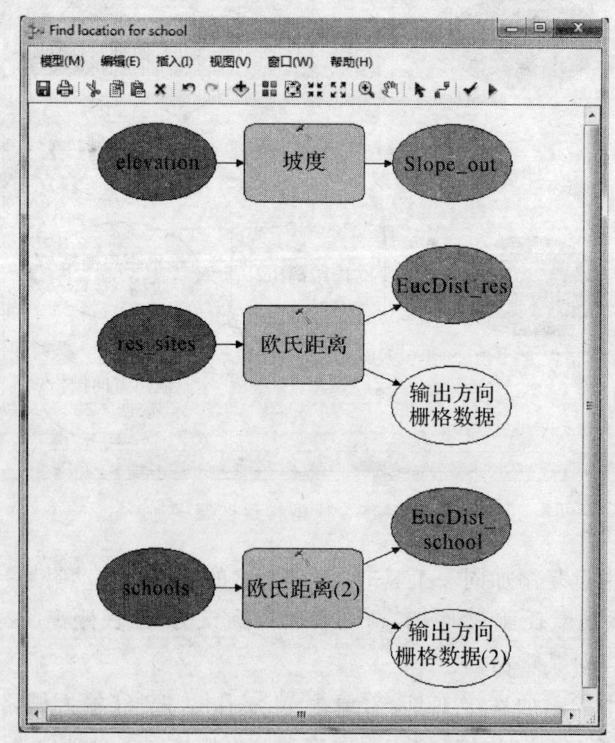

图 5-21 添加连接后的模型构建框架

(10)运行模型,派生数据。在模型中右键单击各输出变量(Slope_put、EucDist_res 和 EucDist_school),然后单击【添加至显示】。在启用【添加至显示】属性的情况下,每次运行模型时都会向显示画面添加变量引用的数据。

在模型构建器工具条上单击运行▶按钮,运行坡度、欧氏距离和欧氏距离 (2)这三个工具。

运行完成时,工具及其输出变量元素会增加阴影,表示已在磁盘上创建了输出。派生出的数据集会自动添加到 ArcMap 当前地图中并显示,如图 5-22 所示。

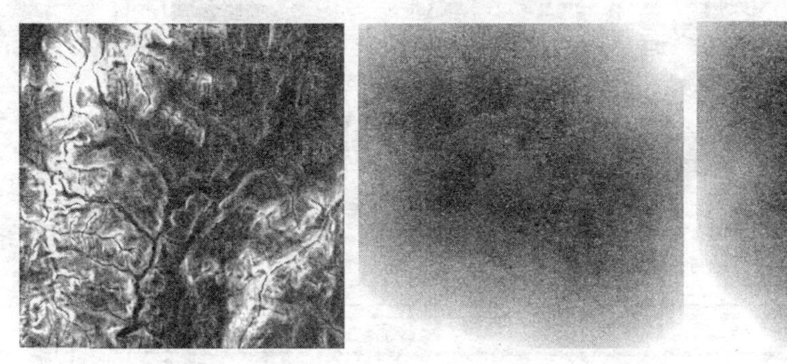

(a) 坡度图　　(b) 到现有学校的距离图　　(c) 到现有小区的距离图

图 5-22　派生数据

(11)符号设置。在 ArcMap 中,打开 Slope_out 的"图层属性"对话框,在【符号系统】选项卡中设置符号显示方法为拉伸,色带为彩色渐变,如图 5-23 所示。

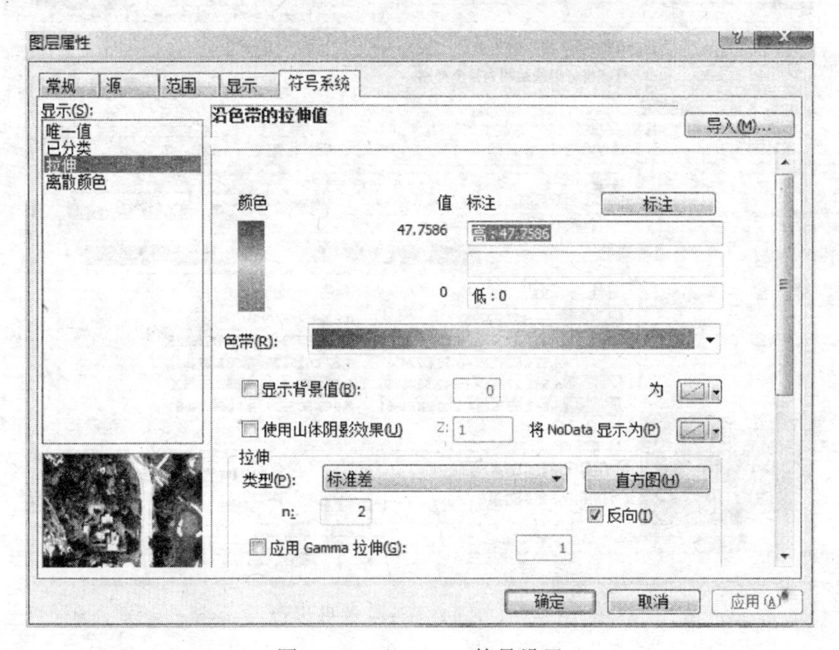

图 5-23　Slope_out 符号设置

打开 EucDist_school 的"图层属性"对话框,在【符号系统】选项卡中设置符号显示方法为已分类,色带为彩色渐变,如图 5-24 所示。

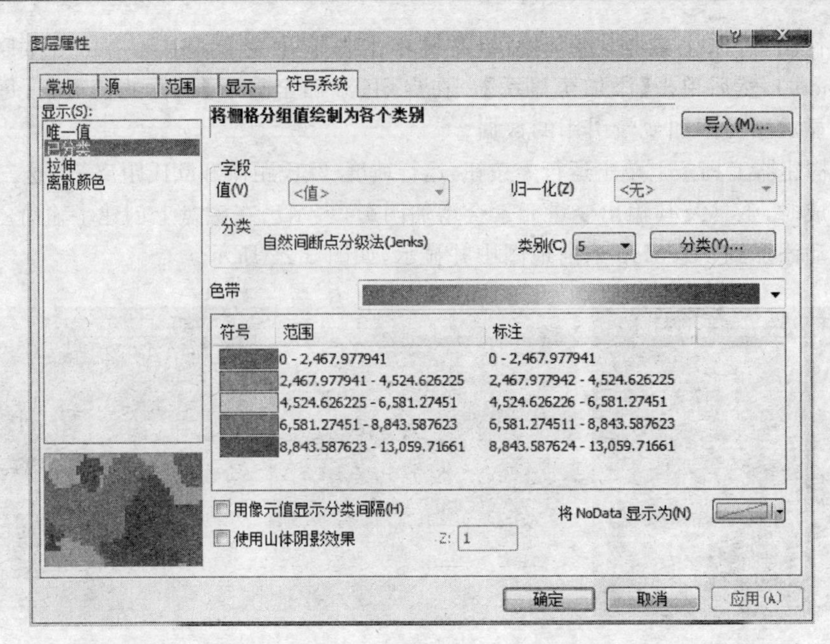

图 5-24 EucDist_school 符号设置

打开 EucDist_res 图层的“属性”对话框，在【符号系统】选项卡中设置符号显示方法为已分类，色带为彩色渐变，如图 5-25 所示。

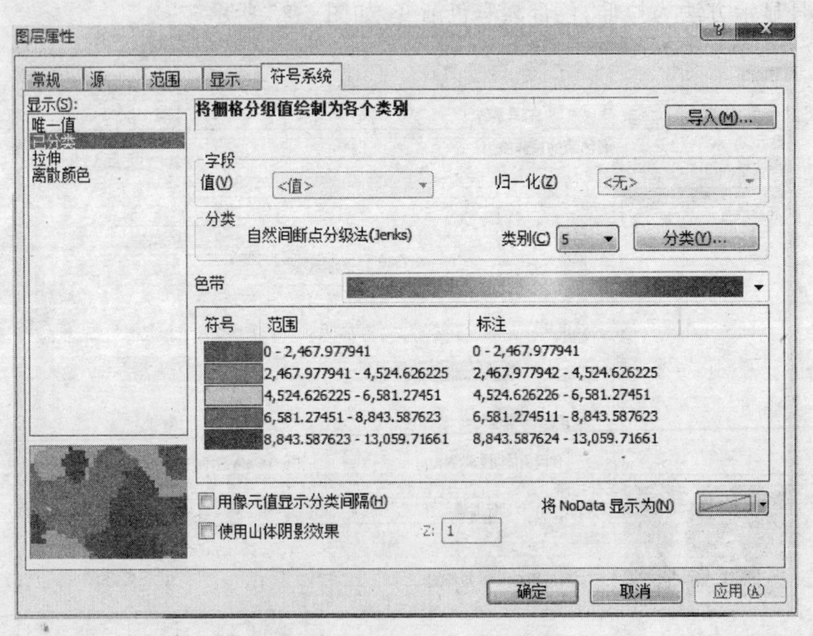

图 5-25 EucDist_res 符号设置

完成符号设置后，派生数据集的显示效果如图 5-26 所示。

4. 数据重分类

(1)在 ArcCatalog 工具栏中单击，打开“搜索窗口”，查找并定位到 Spatial Analyst Tools 工

具箱中的重分类工具。将重分类工具拖至模型构建器中，使其与 Slope_out 对齐。使用同样的方法在模型中继续添加两个重分类工具，使它们分别与 EucDist_res 和 EucDist_school 对齐。

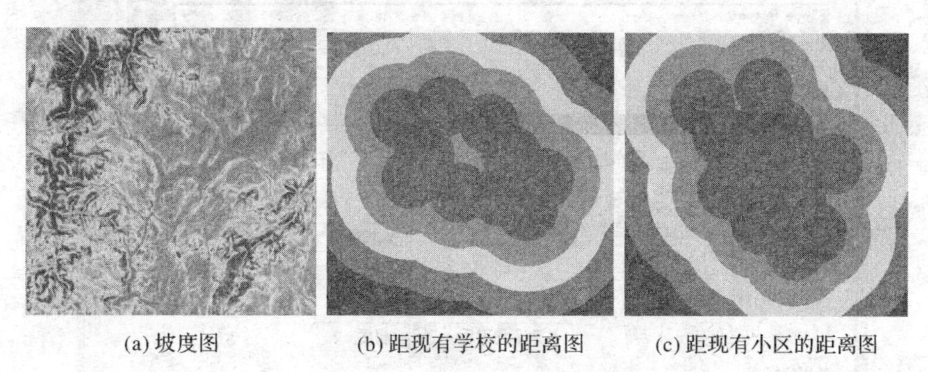

(a) 坡度图　　(b) 距现有学校的距离图　　(c) 距现有小区的距离图

图 5-26　派生数据的显示效果

(2)使用工具将 Slope_out 作为输入栅格连接到重分类工具，将 EucDist_res 作为输入栅格连接到重分类（2)工具；将 EucDist_school 作为输入栅格连接到重分类（3)工具。单击工具栏上的，然后单击，模型如图 5-27 所示。

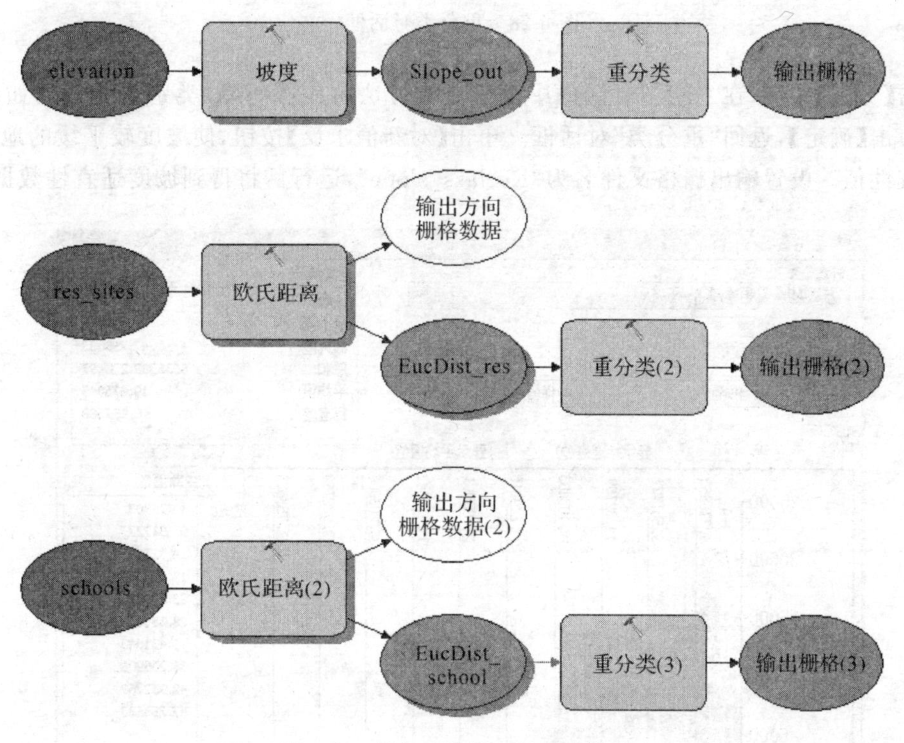

图 5-27　添加重分类工具后的模型

(3)坡度重分类。通常，在相对平坦的位置选择新校址更为合理。本任务采用等间距分级把坡度分为 10 级，坡度较小地区指定值为 10，表示适宜建学校；坡度较大地区指定值为 1，表示不适宜建学校。双击重分类工具，弹出"重分类"对话框，如图 5-28 所示。

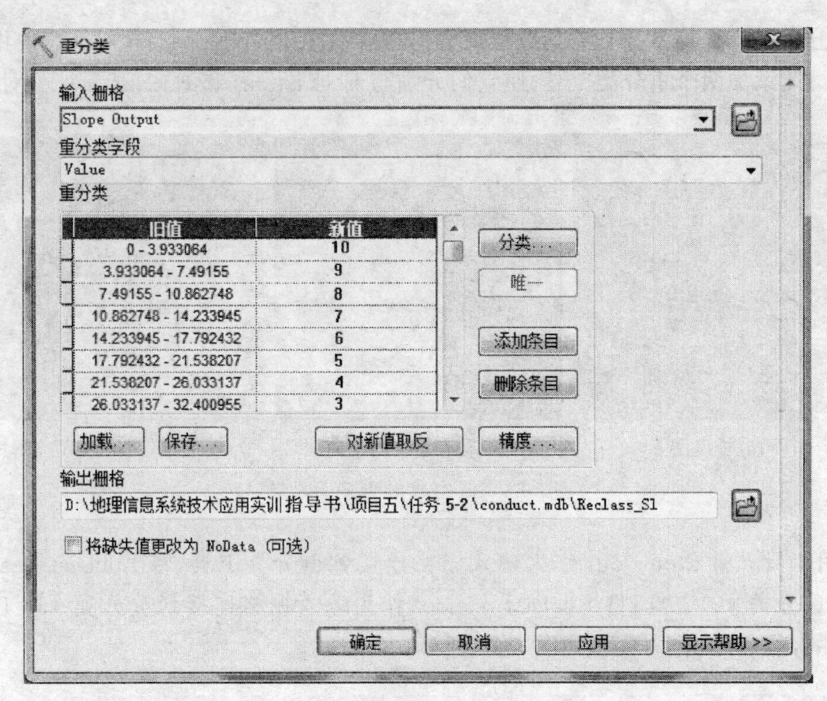

图 5-28 重分类对话框

单击【分类】按钮，在“分类”对话框中设置分类方法为相等间隔，类别为 10 级，如图 5-29 所示。单击【确定】，返回“重分类”对话框。单击【对新值求反】按钮，使坡度较平缓的地区获得较大适宜性值。设置输出栅格文件名为“Reclass_slope”，运行后将得到坡度适宜性数据。

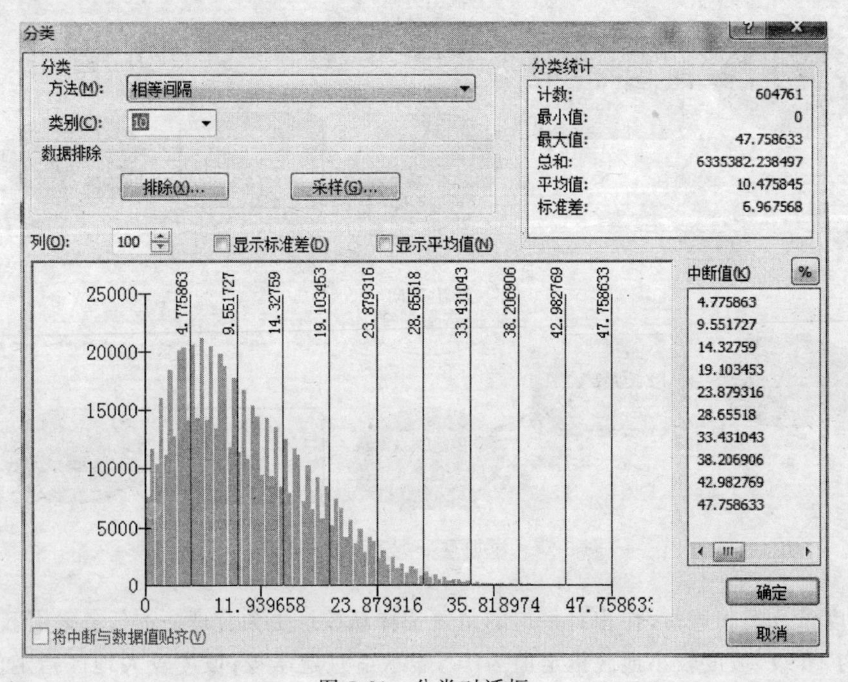

图 5-29 分类对话框

(4)到现有小区距离重分类。新建学校位置应尽可能靠近现有小区,方便孩子上学。本任务采用等间距分级,把到现有小区距离分为 10 级,距离小区较近的地区指定值为 10,表示适宜建学校;距离小区较远的地区指定值为 1,表示不适宜建学校。双击重分类(2)工具,在“重分类(2)”对话框中设置分类,如图 5-30 所示。分类方法为相等间隔,类别为 10 级,单击【对新值求反】按钮,距离小区较近的地区获得较大适宜性值。设置输出栅格文件名为“Reclass_residence”,运行后将得到距离小区适宜性数据。

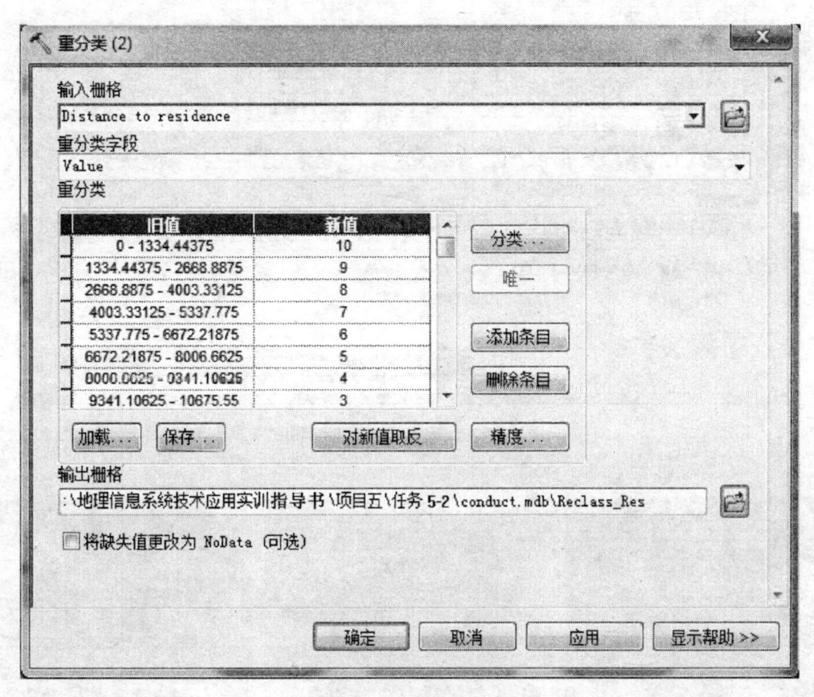

图 5-30　重分类(2)对话框

(5)到现有学校距离重分类。新建学校位置应尽可能远离现有学校,使学校布点均衡合理。本任务采用等间距分级,把到现有学校距离分为 10 级,距离现有学校较远的地区指定值为 10,表示适宜建学校;距离现有学校较近的地区指定值为 1,表示不适宜建学校。双击重分类(3)工具,在“重分类(3)”对话框中,单击【分类】按钮,在“分类”设置对话框中设置分类方法为相等间隔,类别为 10 级,单击【确定】,返回“重分类(3)”对话框。这里默认按距离大小设置适宜性等级,不进行新值求反,设置输出栅格文件名为“Reclass_school”,如图 5-31 所示。运行后将得到距离现有学校适宜性数据。

(6)执行重分类。右键单击各输出变量:Reclass_slope、Reclass_residence 和 Reclass_school,然后单击【添加至显示】。单击运行▶按钮,执行模型中的三个重分类工具。

在工具条上,单击保存按钮,对模型进行保存。

检查添加到 ArcMap 中的数据,可根据需要打开图层属性对话框,在符号系统选项卡中设置各分类等级的显示颜色,如图 5-32 所示。

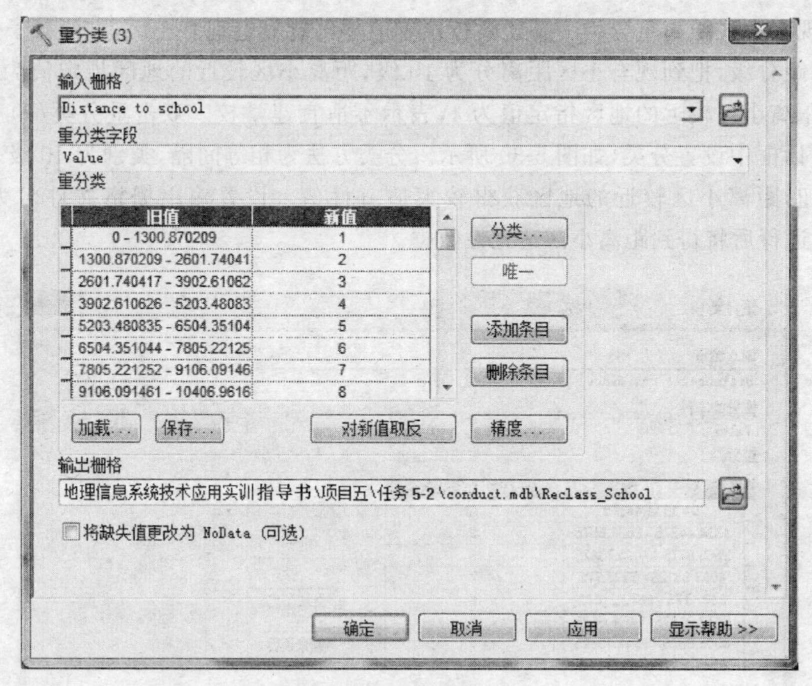

图 5-31 重分类(3)对话框

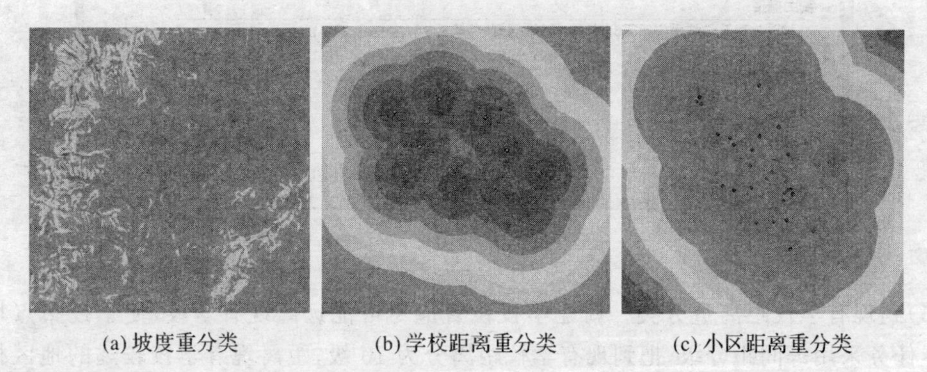

(a) 坡度重分类　　(b) 学校距离重分类　　(c) 小区距离重分类

图 5-32 重分类结果

5. 适宜区选择

除了考虑坡度、到住宅小区和现有学校的距离因素外，还应考虑土地利用现状，选址时应避开湿地和水域。重分类后，各个数据集的像元取值都归到相同的等级分类体系下，取值越大，表示适宜性越强。在进行选址分析时，考虑不同因素对选址的影响，应对各种影响因素赋予不同的权重，然后进行加权叠加，分析并找到适宜的新校址。步骤如下：

(1)在 ArcCatalog 中，单击[icon]，打开“搜索”窗口，查找并定位到 Spatial Analyst Tools 工具箱的加权叠加工具，将其拖至模型构建器中。

(2)在模型构建器中单击工具[icon]，将坡度重分类数据 Reclass_slope 连接到加权叠加工具。双击加权叠加工具，打开“加权叠加”对话框，将右侧垂直滚动条拖至底部，设置评估等级，如图 5-33 所示。

图 5-33　设置评估等级

(3)重分类数据集时使用了 1～10 的级别,因此在向加权叠加工具添加输入栅格前,需要将评估级别范围设置为 1～10(以 1 为增量)。在自、至和方式文本框中分别输入 1、10 和 1,单击【应用】。

(4)在"加权叠加"对话框中,单击添加 + 按钮,依次添加叠加图层:landuse、Reclass_slope、Reclass_school 和 Reclass_residence。在添加 landuse 图层时,设置输入字段为 LANDUSE,添加 Reclass_slope、Reclass_school 和 Reclass_residence 图层时,设置输入字段为 VALUE。

坡度图重分类中,由于 1～3 等级的坡度为 33.431 043°～47.758 633°。一般情况下,坡度大于 33°的地区不适宜建设,因此,应单击值小于 4 的单元格,将其值设置为 Restricted,表示该地区限制建设,不能作为学校选址。如图 5-34 所示。

加权叠加表

栅格	%影响	字段	比例值
Reclass_Slope	20	VALUE	
		1	Restricted
		2	7
		3	8
		4	9
		5	10
		6	Restricted
		7	NODATA
		8	8
		9	9
		10	10
		NODATA	NODATA

图 5-34　坡度比例值设置

(5)在加权叠加表中,设置 landuse 图层中不同土地利用类型的比例值。灌木丛/过渡带(Brush/transitional)为 4,荒地(Barren land)为 8,建成区(Built up)为 10,农业用地(Agriculture)为 6,森林(Forest)为 2,湿地(Wetlands)和水域(Water)为 Restricted,表示湿地和水域在选址时予以排除,如图 5-35 所示。

栅格	%影响	字段	比例值
landuse	15	LANDUSE	
		Brush/transitional	4
		Water	Restricted
		Barren land	8
		Built up	10
		Agriculture	6
		Forest	2
		Wetlands	Restricted
		NODATA	NODATA

图 5-35　土地利用比例值设置

(6)设置影响因子的权重。在加权叠加表中"%影响"列,设置 Reclass_slope 的影响权重为 20%,landuse 的影响权重为 15%,Reclass_school 的影响权重为 25%,Reclass_residence 的影响权重为40%。单击各图层前的☒，折叠各栅格图层，如图5-36所示。

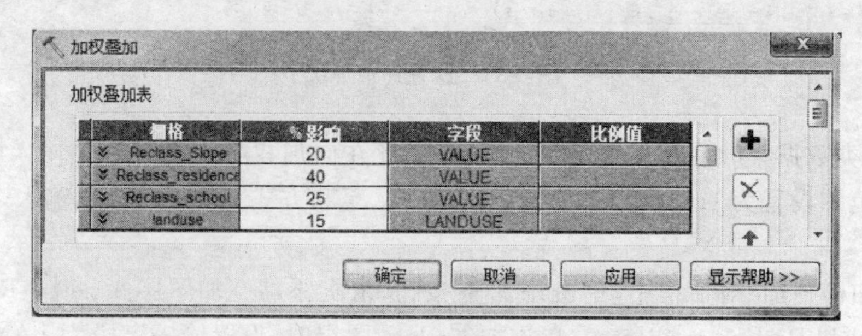

图5-36　设置影响因子的权重

(7)设置输出栅格的名称为“Suitsite”，单击【确定】，此部分模型如图5-37所示。

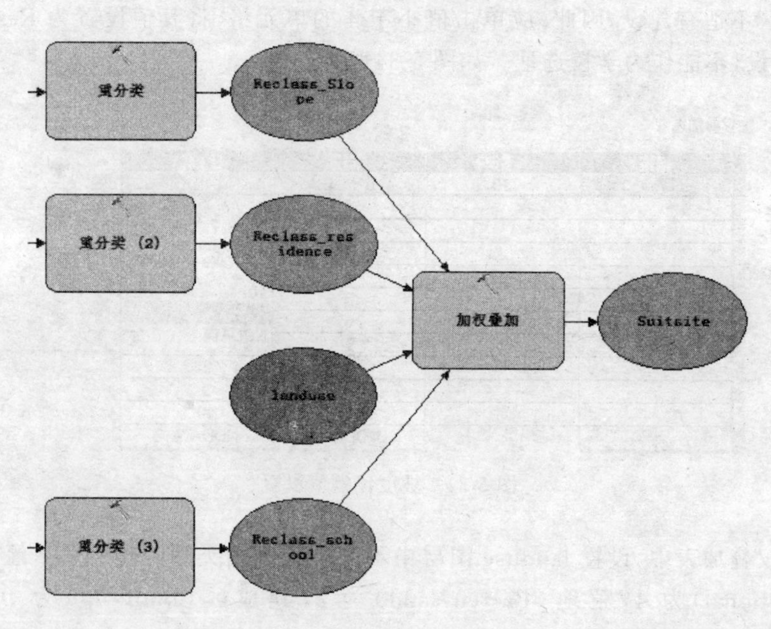

图5-37　模型加权叠加部分

(8)在模型构建器的工具栏中单击▦，然后单击⛶全图显示模型。右键单击加权叠加输出变量Suitsite，然后单击【添加至显示】。

(9)单击运行▶按钮，执行加权叠加。在工具条上，单击💾保存模型。

(10)新生成的Suitsite数据自动添加到ArcMap当前地图中，如图5-38所示。

(11)在Suitsite图层上，每个像素都包含一个适宜性值。值为8的像素最适合作为新校址，而值为0的像素是受限区，不适宜作为新校址。因此，新学校的最佳位置应选在值为8的区域。使用条件函数工具中的条件表达式提取唯一最佳位置。将值为8的所有区域保留，将值小于8的区域更改值为NoData。

——在ArcCatalog中，单击🔍，打开“搜索”窗口，查找并定位到Spatial Analyst Tools工具箱中的条件函数工具，将其拖至模型构建器中。使用工具↗，选择【输入条件栅格数据】，将Suitsite与条件函数工具相连。

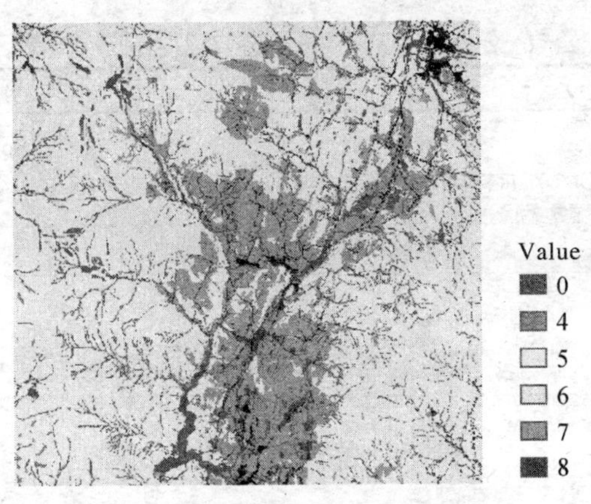

图 5-38　加权叠加结果

——双击条件函数工具,打开“条件函数”对话框。单击“输入条件栅格数据”文本框下拉箭头,选择 Suitsite 变量;单击,在弹出的“查询构建器”中输入查询条件为"Value" =8;单击“输入条件为 true 时所取的栅格数据或常量值”文本框下拉箭头,选择 Suitsite 变量;将“输入条件为 false 时所取的栅格数据或常量值(可选)”参数值留空。默认情况下,若输入条件栅格数据中的像元值不满足条件表达式,则在输出栅格中设置像元值为 NoData,单击【确定】,如图 5-39 所示。

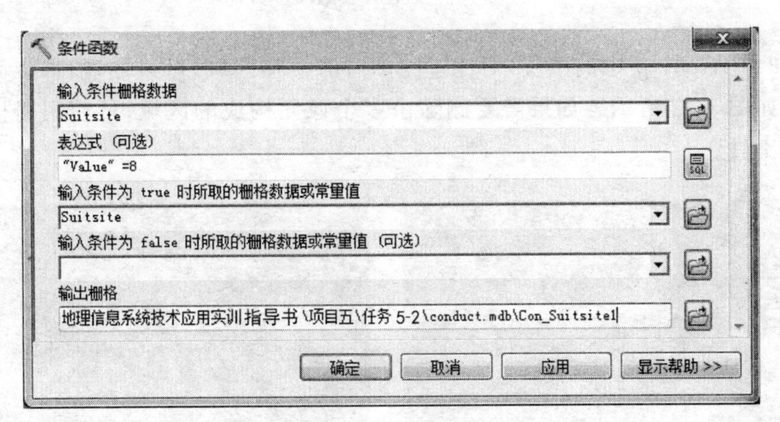

图 5-39　条件函数对话框

——单击自动布局按钮,然后单击全图按钮。右键单击条件函数输出变量 Con_Suitsite1,然后单击【添加至显示】,运行【条件函数】工具,生成最佳选址数据 Con_Suitsite1。

(12)使用众数滤波工具提取最佳区域。在选择最佳位置时还要考虑地块面积的大小。查看 Con_Suitsite1 图层。图中显示区域即为最佳位置,但由于存在多个单一像元,这对于新建学校面积太小,可使用众数滤波工具来对其进行筛选,从而排除这些小面积区域。

——在模型构建器中,添加 Spatial Analyst Tools 工具箱中的众数滤波工具,单击工具,选择【输入栅格】,将 Con_Suitsite1 与众数滤波工具相连接。

——双击众数滤波工具,打开“众数滤波”对话框,设置输出栅格名称为“Suitsite_sel”;设置“要使用的相邻要素数(可选)”为 EIGHT,表示滤波器中使用的相邻像元数为 8 个相邻像元(3 × 3 像元窗口);默认“替换阈值(可选)”为 MAJORITY,表示 8 个连接像元中的 5 个必须具有相同值才能保留当前像元的值,单击【确定】,如图 5-40 所示。

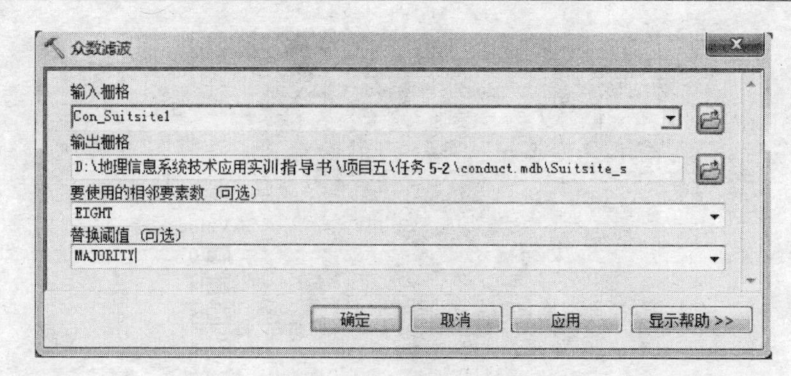

图 5-40　众数滤波对话框

此部分模型如图 5-41 所示。在模型上右键单击众数滤波输出变量 Suitsite_sel，然后单击【添加至显示】。运行众数滤波工具，保存模型。

图 5-41　模型众数滤波部分

查看添加到 ArcMap 中的图层，对比过滤前后的最佳区域，可以发现，许多面积过小的区域已被删除，如图 5-42 所示。如果需要删除由多个像元构成的区域，可使用栅格综合工具集中的 Nibble 工具。

(a) 通过条件函数工具获取的最佳区域

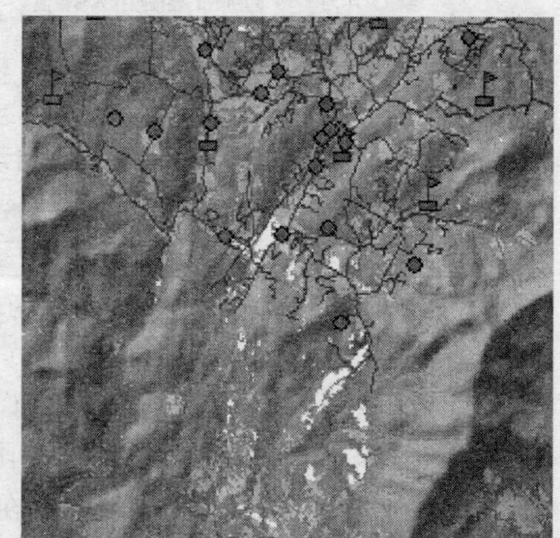

(b) 通过众数滤波工具获得的最佳区域

图 5-42　滤波前后的结果对比

(13)选择交通可达性强的区域。交通可达性取决于所选区域与道路的位置关系，远离道路的区域，交通可达性差，应被排除；邻接道路的区域，交通可达性强，可作为最佳选址。步骤如下：

——首先，将众数滤波后的栅格数据转换为矢量要素类，以便利用生成的面积字段。使用按位置选择图层工具选择与道路相交的要素；然后，使用按属性选择图层工具从可选位置中选择指定面积条件的最佳位置。

——栅格转面。在 ArcCatalog 中，单击，查找并定位到转换工具箱中的栅格转面工具，将其拖至模型构建器中，与众数滤波输出变量 Suitsite_sel 对齐。单击工具，选择【输入栅格】，将其与 Suitsite_sel 连接。

——双击打开"栅格转面"对话框，设置输入栅格为 Suitsite_sel，默认字段为 Value，设置输出面要素的文件名为 polygon，勾选"简化面"，单击【确定】。如图 5-43 所示。

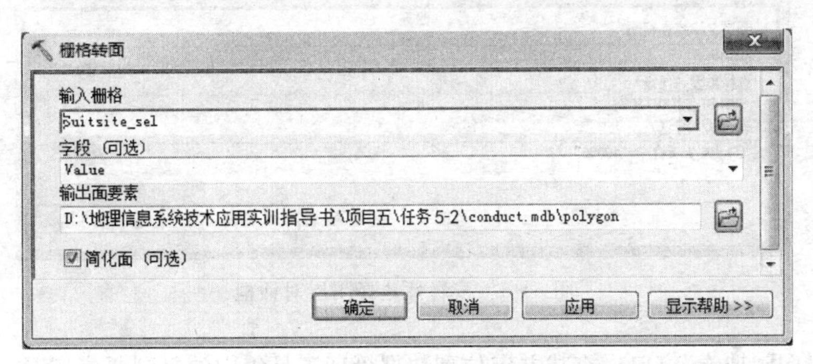

图 5-43　栅格转面对话框

——右键单击模型中栅格转面输出变量 polygon，单击【添加至显示】。运行栅格转面工具，保存并关闭模型。

由于【按位置选择图层】和【按属性选择图层】工具均要求输入必须是要素图层，不能是要素类。本任务中，只能在 ArcMap 内容列表中添加 polygon 要素层后，方可执行选择操作，故相应工具不再添加到模型中。

——当前地图文档中，确保已添加 polygon 要素层，单击，打开"搜索"窗口。查找并定位到数据管理工具集中的按位置选择图层工具。双击该工具，打开"按位置选择图层"对话框。

——设置输入要素图层为"polygon"，默认关系为 INTERSECT，选择要素为"roads"图层，设置搜索距离为 20 m，默认选择类型为 NEW_SELECTION，如图 5-44 所示。单击【确定】。即表示在距道路 20 m 以内的范围搜索适宜区，并生成新的选择集。

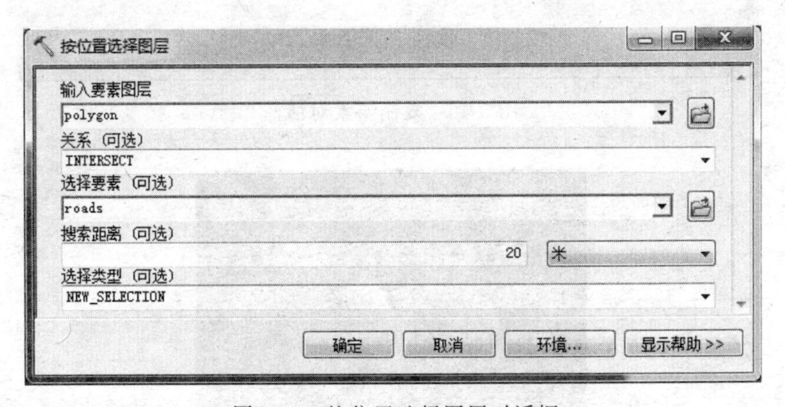

图 5-44　按位置选择图层对话框

(13)选择面积大于 40 000 m^2 的区域。单击，打开"搜索"窗口。查找并定位到数据管理工具集中的按属性选择图层工具。双击该工具，打开"按属性选择图层"对话框。设置图层名称或表视图为"polygon"图层，设置选择类型为 SUBSET_SELECTION。单击，打开查询构建器窗口，在窗口最上方的字段列表中双击[Shape_Area]，则该字段自动添加到查询窗口最下方的文本框中，单击 >= ，在文本框中输入 40 000，则形成查询表达式为：[Shape_ Area] >= 40 000。该项操作表示从已有选择集要素中提取面积大于等于 40 000 m² 的要素，单击【确定】，如图 5-45 所示。

按属性选择图层

图层名称或表视图

polygon

选择类型（可选）

SUBSET_SELECTION

表达式（可选）

[Shape_Area] >= 40000

确定　取消　环境...　显示帮助 >>

图 5-45　按属性选择图层对话框

单击 ，打开"搜索"窗口。查找并定位到数据管理工具集中的复制要素工具。双击该工具，打开"复制要素"对话框。设置输入要素为 polygon 图层，设置输出要素类的名称为 school_site，如图 5-46 所示。单击【确定】，school_site 图层自动添加到 ArcMap 内容列表中，即为最佳选址结果，如图 5-47 所示。

复制要素

输入要素

polygon

输出要素类

D:\地理信息系统技术应用实训指导书\项目五\任务 5-2\conduct.mdb\school_sit

配置关键字（可选）

输出空间格网 1（可选）

0

输出空间格网 2（可选）

0

输出空间格网 3（可选）

0

确定　取消　环境...　显示帮助 >>

图 5-46　复制要素对话框

图 5-47　最佳选址结果

五、注意事项

(1)在设置加权叠加的比例值时，如果将比例值设置为 Restricted，则加权叠加输出结果中的像元分配值为评估级别的最小值减去 1(本任务中为 0)。

(2)若参与加权叠加的图层均不包含 NoData 像元，则可以使用 NoData 作为比例值排除某些值。然而，如果任何输入中包含 NoData 像元，则最可靠的做法是使用 Restricted。加权叠加工具的结果可能包含 NoData 像元，这些像元来自一个或多个输入(输入中包含的 NoData 数与结果中包含的 NoData 数相同)，以及特意排除的受限区域。请勿混淆 NoData 值和 Restricted 值，它们各自具有特定的用途。某些 NoData 区域(即该区域的值未知)实际上可能却是适宜的区域。如果使用 NoData 排除某些像元值，并且在一个或多个输入中都存在 NoData，则无法确定 NoData 像元是表示此区域在使用中受限还是在此位置没有可用的输入数据。

(3)本任务通过建立选址模型完成学校选址，也可直接使用相关空间分析工具对数据进行操作，从而得到选址结果。两者的差别仅在于，模型可根据具体需要确定参数并重复使用，可提供共享。利用分析工具直接对数据进行操作则是一次性操作。

思考与拓展

1. 在本实训任务中，运用了哪些空间分析方法？
2. 重分类的目的是什么？对数据重分类时，应注意什么问题？
3. 构建地理分析或处理模型有什么优点？

任务 5-3　创建网络

一、任务描述

GIS 空间分析中，网络分析已在电子导航、交通旅游、城市规划管理、管线布局设计等领域发挥了重要作用。在进行网络分析前，首先要创建网络数据集，它是由链和结点组成的、带有环路，并伴随着一系列支配网络中流动的约束条件的线网图形。

二、任务目标

学会使用 ArcGIS 的网络分析模块创建网络数据集，熟悉网络基本构成，掌握网络编辑方法。

三、任务内容及要求

使用存储在地理数据库中的要素类创建网络数据集，为网络数据集定义连通性规则和网络属性。在创建网络数据集时，应考虑限制约束条件、连通性、网络方向等因素。

四、任务实施

(一)数据准备

路径	名称	类型	说明
项目五\任务 5-3\原始数据\SanFrancisco.gdb\	Streets	矢量要素类	Transportation 要素集中的街道数据
项目五\任务 5-3\原始数据\SanFrancisco.gdb\	RestrictedTurns	矢量要素类	Transportation 要素集中的转弯数据
项目五\任务 5-3\原始数据\SanFrancisco.gdb\	Signposts	矢量要素类	Transportation 要素集中的路标数据
项目五\任务 5-3\原始数据\SanFrancisco.gdb\	Signposts_Streets	属性表	路标数据
项目五\任务 5-3\原始数据\SanFrancisco.gdb\	DailyProfiles	属性表	历史流量
项目五\任务 5-3\原始数据\SanFrancisco.gdb\	Streets_DailyProfiles	属性表	历史流量

(二)操作步骤

(1)启动 ArcCatalog,单击菜单【自定义】/【扩展模块(E)】,打开"扩展模块"对话框,勾选"Network Analyst",启用 Network Analyst 扩展模块,如图 5-48 所示。关闭对话框。

(2)在 ArcCatalog 标准工具栏上,单击 ,打开"连接到文件夹"对话框,如图 5-49 所示。浏览到"项目五\任务 5-3\原始数据\SanFrancisco.gdb",单击【确定】,文件夹的快捷方式将添加到【目录树】的【文件夹连接】。

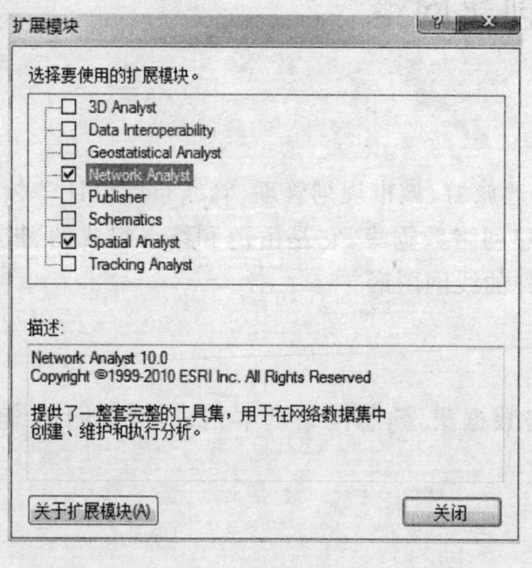

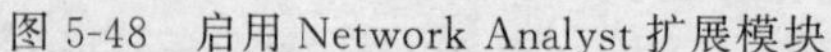
图 5-48 启用 Network Analyst 扩展模块

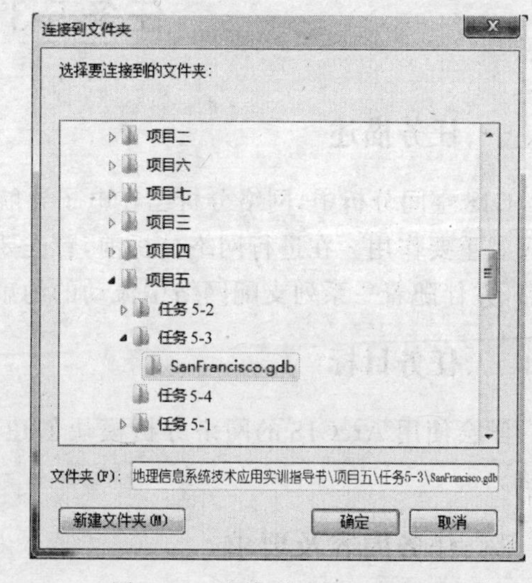

图 5-49 连接到文件夹对话框

(3)右键单击 Transportation 要素数据集,单击【新建】/【网络数据集】,打开"新建网络数据集"向导。输入网络数据集的名称 Streets_ND,如图 5-50 所示。

(4)单击【下一步】,选择将参与到网络数据集中的要素类,如图 5-51 所示,勾选 Streets 要素类并将其作为网络数据集的源。

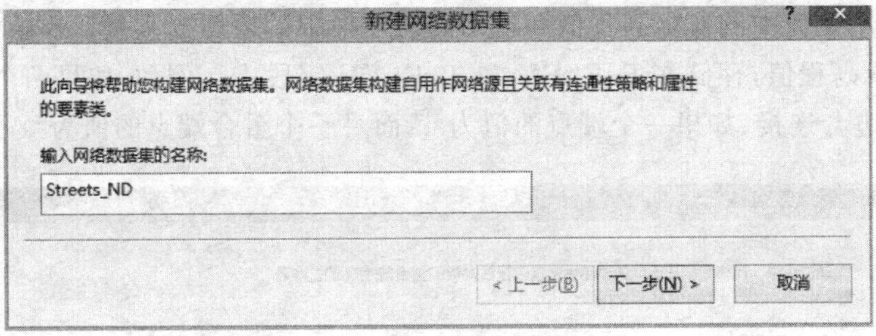

图 5-50　输入网络数据集名称

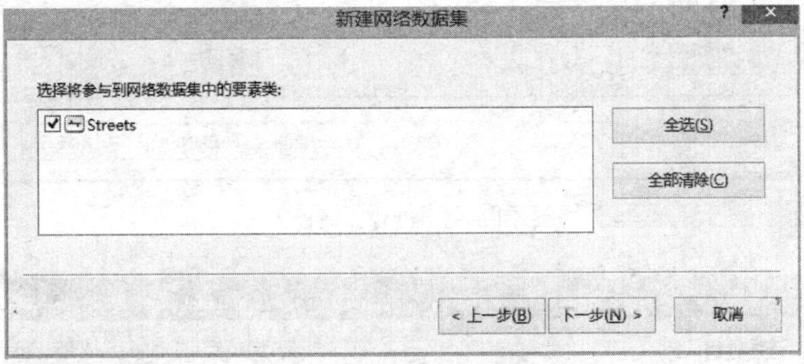

图 5-51　选择参与到网络数据集的要素类

（5）单击【下一步】，在网络中构建转弯模型，如图 5-52 所示，勾选“RestrictedTurns”以将其作为转弯要素源。

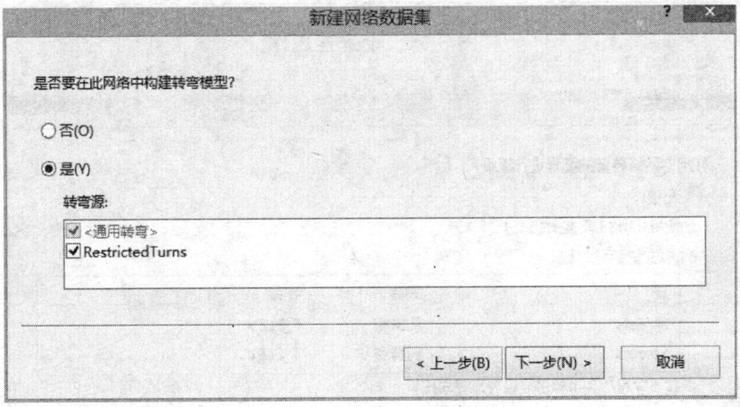

图 5-52　构建转弯模型

（6）单击【下一步】，设置网络连通性，如图 5-53 所示。单击【连通性】按钮，打开“连通性”对话框，为该网络设置连通性模型。因为所有街道在端点处相互连接，故设置 Streets 的连通性策略为【端点】，如图 5-54 所示。单击【确定】，返回“新建网络数据集”向导。

（7）单击【下一步】，对网络要素的高程进行建模。本任务提供的数据集带高程字段，选择【使用高程字段】选项，通过高程设置进一步定义连通性，如图 5-55 所示。之前，已将网络的连通性策略设置为端点，如果忽略高程，两条边相连；如果考虑高程，则不相连。构建高程模型的方式有两种：使用几何中的实际高程值和使用高程字段中的逻辑高程值。Streets 要素类具有整数形式的逻辑高程值，存储在 F_ELEV 和 T_ELEV 字段中。例如，如果两个重合端点的字段高程值为 1，边会连接；如果一个端点的值为 1，而另一个重合端点的值为 0，边不会连接。

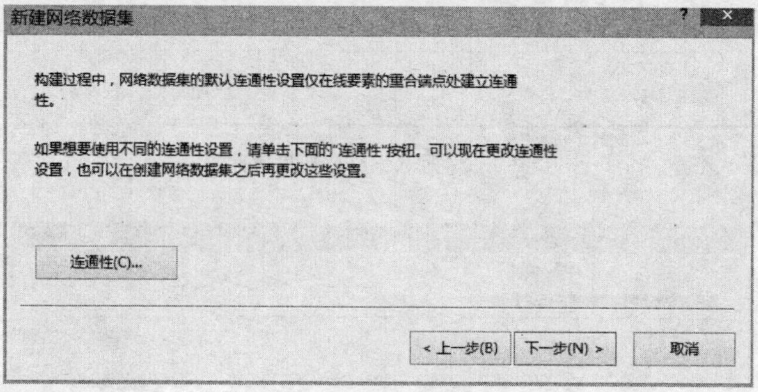

图 5-53　设置连通性

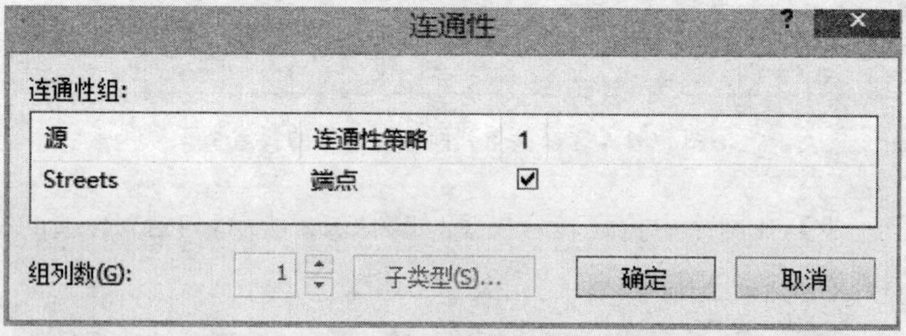

图 5-54　设置连通性

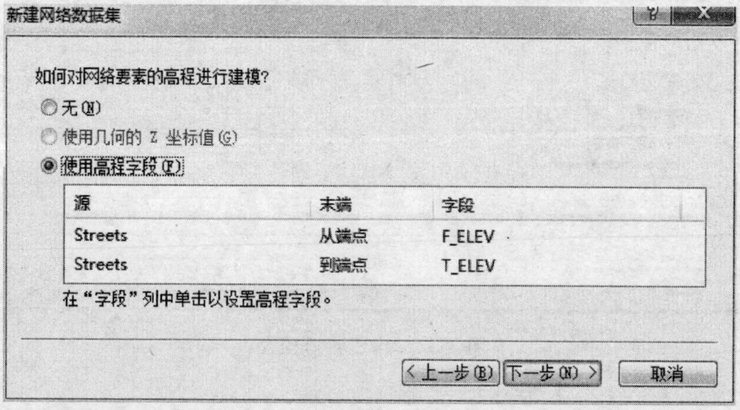

图 5-55　网络的高程建模

(8)单击【下一步】，配置交通流量数据，如图 5-56 所示。使用历史交通流量数据，可以查找到某天某时刻用时最短的路径。数据库 SanFrancisco 中包含两个历史流量数据表：DailyProfiles 和 Streets_DailyProfiles。在设计表的方案时，应使 Network Analyst 能识别每个表的作用并能自动配置历史流量。

图 5-56　将历史流量表数据用于网络

(9)单击【下一步】,设置网络属性,如图 5-57 所示。网络属性用于导航控制,包括用作网络阻抗的成本属性,或禁止双向穿越或单向穿越(如单行线)的约束属性。本任务中,为网络自动设置了八个属性:Hierarchy、Meters、Minutes、Oneway、RoadClass、旅行时间、WeekdayFallbackTravelTime 和 WeekendFallbackTravelTime。

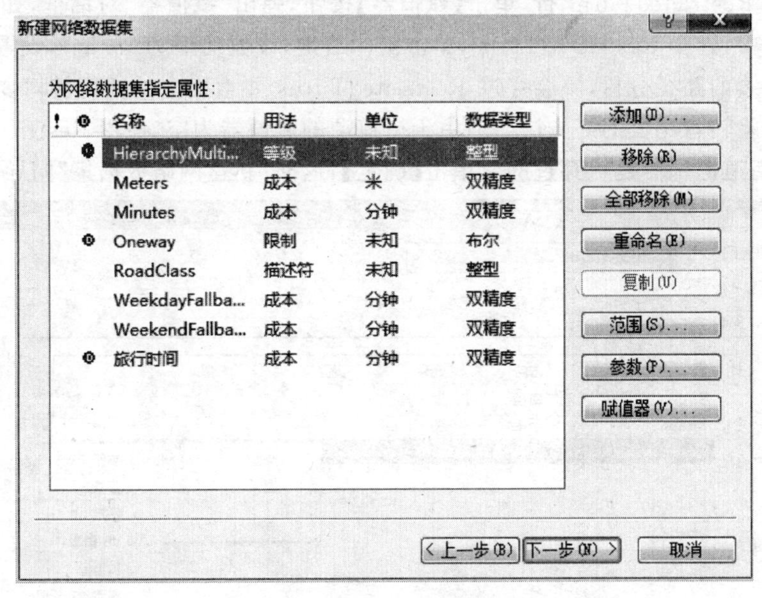

图 5-57　为网络指定属性

——选中名称为“Minutes”的行,然后单击【赋值器】,打开“赋值器”对话框,如图 5-58 所示。在【源值】选项卡中列出源要素类 Streets 和 RestrictedTurns。其中,线状源要素类 Streets 包含两个方向:“自-至”方向和“至-自”方向,表示在同一街道不同方向通行时,用时会不同。单击【确定】,返回“新建网络数据集”向导。

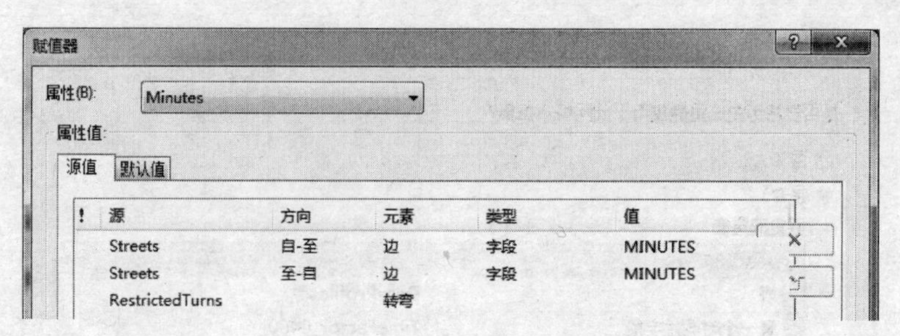

图 5-58 赋值器对话框

——单击【添加】按钮，打开“添加新属性”对话框，如图 5-59 所示。在【名称】字段中键入“RestrictedTurns”，设置使用类型为“限制”，勾选“默认情况下使用”。单击【确定】，新属性 RestrictedTurns 被添加到属性列表中，该属性用来限制转弯元素的移动。

图 5-59 添加新属性对话框

——选择 RestrictedTurns 行，单击【赋值器】按钮，弹出“赋值器”对话框，如图 5-60 所示。在源值选项卡中，选择 RestrictedTurns，单击鼠标右键，设置类型为“常量”，设置值为“受限”。此设置将使后续的路径分析，不会穿过 RestrictedTurns 要素类中的任何转弯要素，这是避开违法转弯或危险转弯建模的好方法。但由于街道源的赋值器为空，使用 RestrictedTurns 进行限制时，这些街道源仍然是可穿过的。单击【确定】，返回“新建网络数据集”向导。

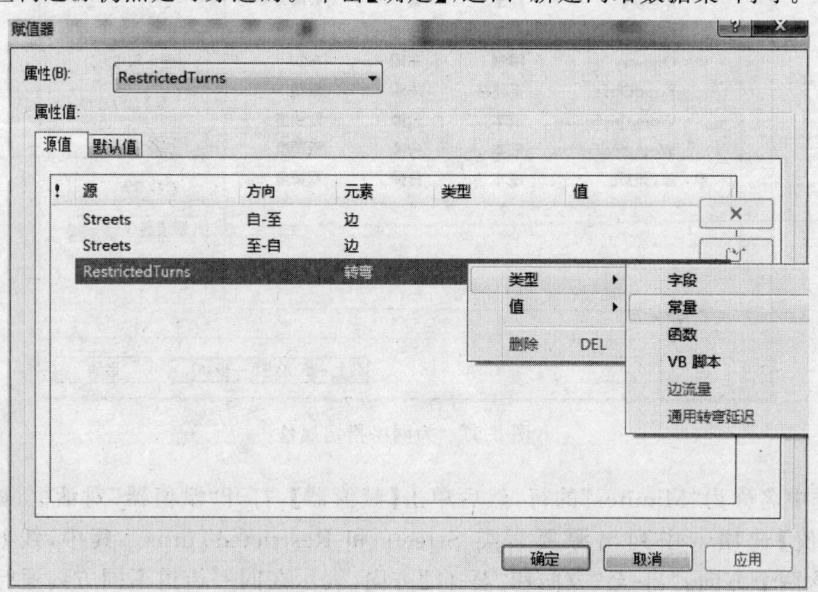

图 5-60 设置 RestrictedTurns 属性值

——右键单击 HierarchyMultiNet 行，然后单击“默认情况下使用”，取消勾选，表示使用此网络数据集创建分析图层时不会默认使用等级。

(10)单击【下一步】，为网络数据集建立行驶方向设置，如图 5-61 所示。选择“是”，单击【方向】按钮，打开“网络方向属性”对话框，如图 5-62 所示。在【常规】选项卡中，指定用于为网络分析结果报告方向的字段。本任务设定为 NAME，即街道的名称，它将用于生成行车路线。

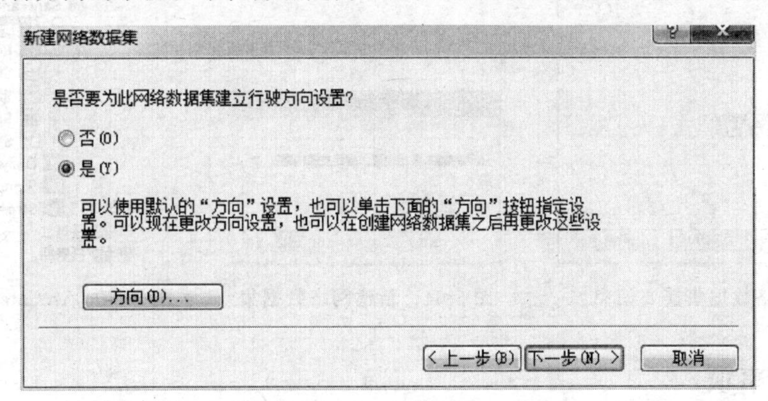

图 5-61　为网络数据集建立方向设置

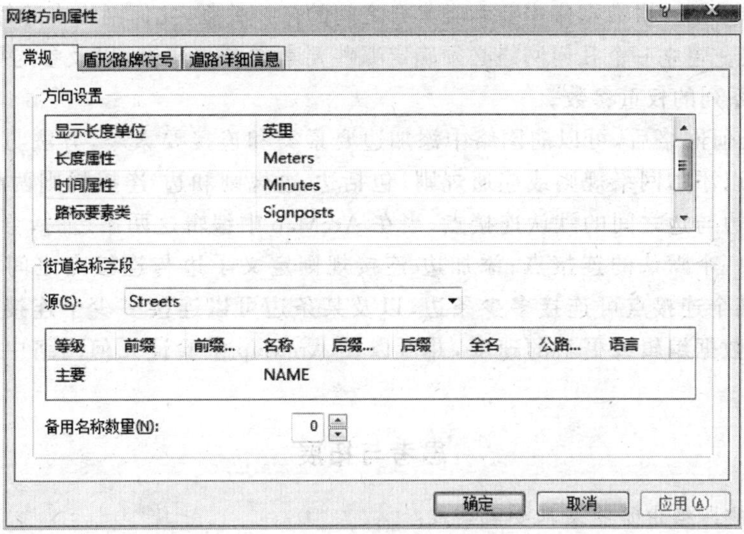

图 5-62　设置网络方向属性

(11)单击【确定】，返回“新建网络数据集”向导。单击【下一步】，列出新建网络的摘要信息，如图 5-63 所示。单击【完成】，即完成网络数据集的创建。

(12)创建网络后，系统提示是否要构建它。构建过程会确定哪些网络元素是互相连接的，并填充网络数据集属性，必须先构建网络才能对其执行网络分析。单击【是】，构建网络数据集，如图 5-64 所示。新构建的网络 Streets_ND 及交汇点要素类 Streets_ND_Junctions 已添加到 SanFrancisco 数据库的 Transportation 要素集中，如图 5-65 所示。

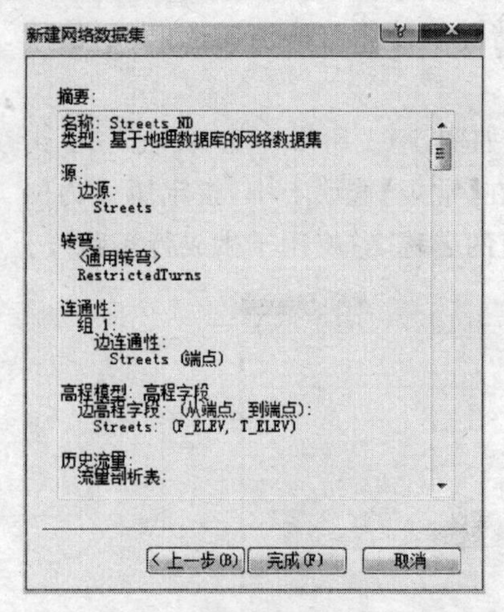

图 5-63　网络数据集摘要信息

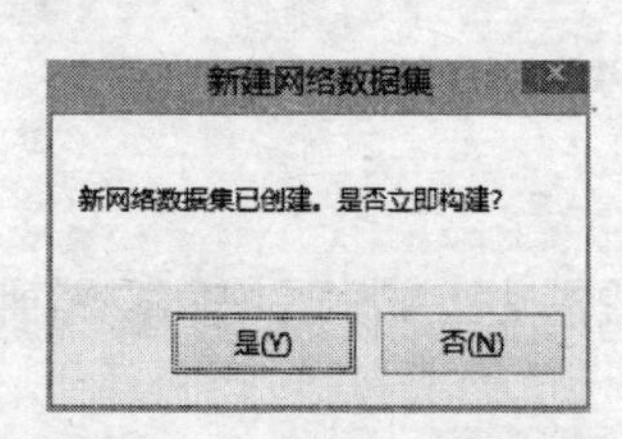

图 5-64　新建网络数据集

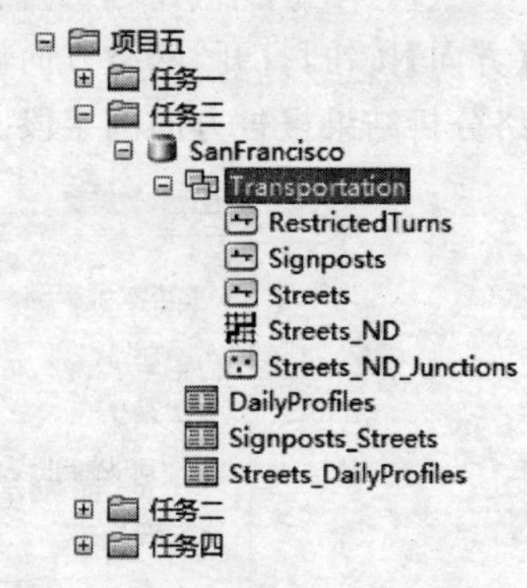

图 5-65　ArcCatalog 目录树显示

五、注意事项

(1)在创建网络或使用网络分析功能时,应确保启用 Network Analyst 扩展模块。

(2)几何网络是要素数据集中要素类集合之间的拓扑关系,几何网络中的每一个要素均有角色:边或连接。建立一个几何网络必须确定哪些要素类参与建网,以及参与要素类的角色,并需要指定一系列的权重参数。

(3)建立几何网络后,可以向网络中添加边要素类和连接要素类,方法与建立简单要素类相似。还可以添加网络规则或连通规则,包括边-边规则和边-连接规则两种。添加边-边规则需要指定边与边之间的默认连接点,当在 ArcMap 中编辑这两条边时,会自动在两条边的连通处添加一个默认的连接点;添加边-连接规则定义了边与连接点之间连通的对应关系,可以设置某个连接点可连接多少条边,以及某条边可以连接多少个连接点。添加连通规则可以加快数据编辑或更新的速度,并可以在 ArcMap 中验证几何网络中的要素是否为合法连接。

思考与拓展

1. GIS 中的网络由哪些基本要素构成?

2. 本任务中,在将街道转换为网络后,新生成的网络与源要素街道有什么本质上的差别?

任务 5-4　查找最佳路径

一、任务描述

从某地出发,到达目的地,综合考虑路况、行程时间、行程距离等因素,规划一条满足实际需要的最佳路径,供出行者参考或导航,这是最常见的、具有实际意义的网络分析问题。本任务将学习如何利用 ArcGIS 网络分析工具进行路径分析和规划。

二、任务目标

掌握 ArcGIS 网络分析工具的应用，进一步理解网络分析原理。

三、任务内容及要求

利用 ArcGIS 网络分析工具，根据已构建的网络数据，设置停靠点、障碍点及路径分析参数，查找最佳路径。要求如下：

(1)设置停靠点不少于三个，障碍点不少于两个。

(2)在无障碍的条件下，查找顺序经过停靠点的用时最短路径。

(3)在考虑道路障碍的条件下，查找顺序经过停靠点的用时最短路径。

四、任务实施

(一)数据准备

路径	名称	类型	说明
项目五\任务 5-4\原始数据\SanFrancisco.gdb\	Streets	矢量要素类	Transportation 要素集中的街道数据
项目五\任务 5-4\原始数据\ SanFrancisco.gdb\	RestrictedTurns	矢量要素类	Transportation 要素集中的转弯数据
项目五\任务 5-4\原始数据\ SanFrancisco.gdb\	Signposts	矢量要素类	Transportation 要素集中的路标数据
项目五\任务 5-4\原始数据\ SanFrancisco.gdb\	Streets_ND	网络数据集	Transportation 要素集中的网络数据
项目五\任务 5-4\原始数据\ SanFrancisco.gdb\	Streets_ND_Junctions	矢量要素类	Transportation 要素集中的网络结点
项目五\任务 5-4\原始数据\ SanFrancisco.gdb \	Signposts_Streets	属性表	路标数据
项目五\任务 5-4\原始数据\ SanFrancisco.gdb \	DailyProfiles	属性表	历史流量
项目五\任务 5-4\原始数据\ SanFrancisco.gdb \	Streets_DailyProfiles	属性表	历史流量

(二)操作步骤

1. 激活 Network Analyst 扩展模块

(1)启动 ArcMap，新建地图文件，将“项目五\任务 5-4\原始数据\SanFrancisco.gdb”中的 Transportation 要素集添加到当前地图中。

(2)单击菜单【自定义】/【扩展模块】，打开“扩展模块”对话框，勾选“Network Analyst”，关闭对话框。

(3)单击菜单【自定义】/【工具条 】/【Network Analyst】,将 Network Analyst 工具条添加到 ArcMap 视图界面中。

(4)Network Analyst 工具条如图 5-66 所示。在 Network Analyst 工具条上,单击,打开可停靠的 Network Analyst 窗口。

图 5-66 网络分析工具条

2. 创建路径分析图层

在 Network Analyst 工具条上,单击【Network Analyst】,在下拉菜单中单击【新建路径】,如图 5-67 所示。则路径分析图层被添加到 Network Analyst 窗口中,网络分析类(停靠点、路径、点障碍、线障碍和面障碍)为空,路径分析图层也被添加到内容列表窗口中。如图 5-68 所示。

图 5-67 新建路径

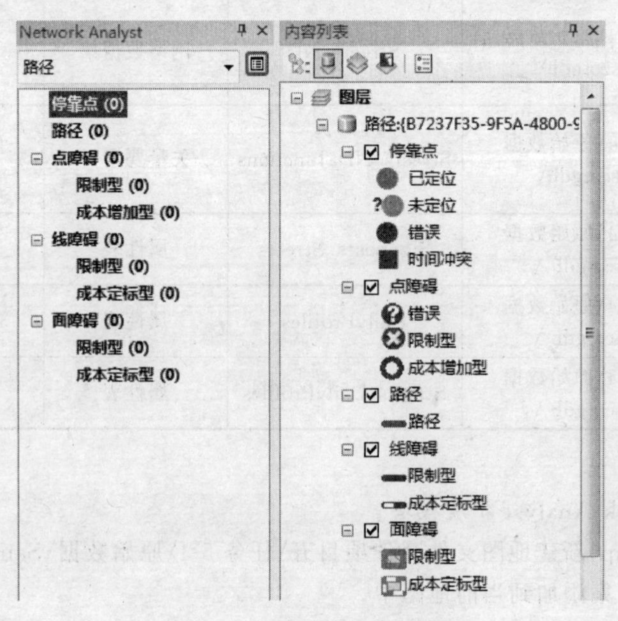

图 5-68 新建的路径分析图层

3. 添加停靠点

在 Network Analyst 窗口中，选择“停靠点(0)”，在 Network Analyst 工具条上，单击创建网络位置工具，在地图上需要设置停靠点的位置单击鼠标左键，即添加了一个停靠点。继续添加两个停靠点，所有停靠点都具有一个唯一的数字编号，表示路径访问各停靠点的顺序，如图 5-69 所示。

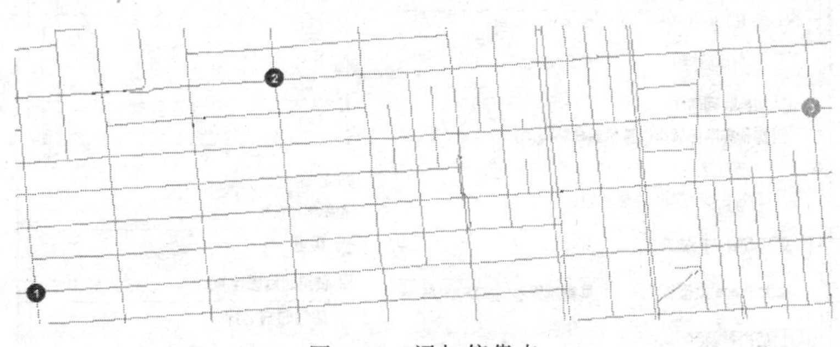

图 5-69　添加停靠点

在 Network Analyst 工具条上，单击选择/移动网络位置工具，在 Network Analyst 窗口中选择停靠点，被选择的停靠点在地图中亮显，按住鼠标左键，可将其拖动到新位置。

4. 设置分析参数

这里指定基于行驶时间来计算路径、在任何地点允许 U 形转弯以及必须遵守单行道和转弯限制。

(1)单击 Network Analyst 窗口中的路径属性工具，打开“图层属性”对话框，单击【分析设置】选项卡。

(2)确保将阻抗设置为“旅行时间(分钟)”。此网络数据集具有与“旅行时间(分钟)”属性相关的历史流量数据。勾选“使用开始时间”，并输入时间、星期和具体日期，将根据该时间和历史流量查找用时最短路径。取消勾选“应用时间窗”，可以为停靠点指定时间窗，并尝试查找遵循这些时间范围的路径。

(3)取消勾选“重新排序停靠点以查找最佳路径”，可根据指定的停靠点顺序找到最佳路径，这通常称为流动推销员问题(TSP)。如果选中此属性，则查找访问停靠点的最佳路径和最佳顺序。

(4)设置交汇点的 U 形转弯为“允许”，输出 Shape 类型为“具有测量值的实际形状”，勾选“应用等级”和“忽略无效的位置”，在“限制”栏中，勾选“RestrictedTurns”和“Oneway”选项。

(5)在“方向”栏中，设置距离单位为“英里”，勾选“使用时间属性”，且将时间属性设置为“旅行时间(分钟)”，单击【确定】。如图 5-70 所示。

5. 求用时最短路径

(1)在 Network Analyst 工具条上，单击求解工具，路径分析结果将出现在地图视图中，以及 Network Analyst 窗口的路径类中，分别如图 5-71 和图 5-72 所示。如果显示警告消息，则表示停靠点可能位于受限制的边上。

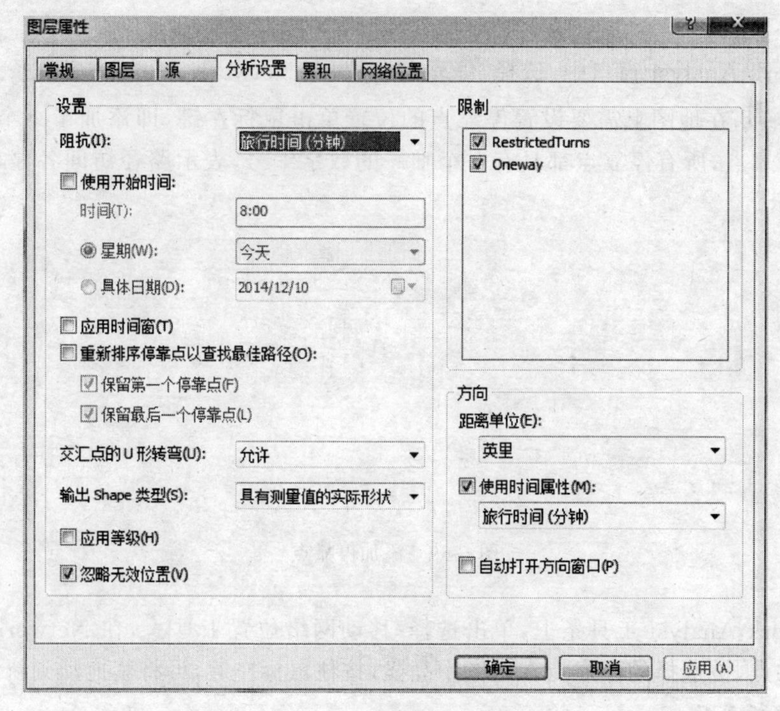

图 5-70 图层属性对话框

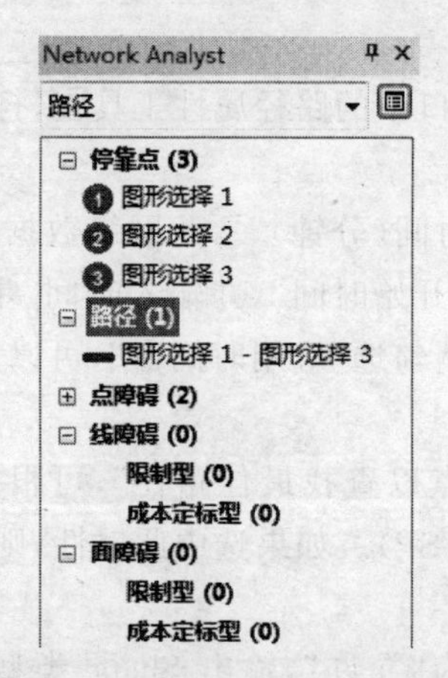

图 5-71 Network Analyst 窗口

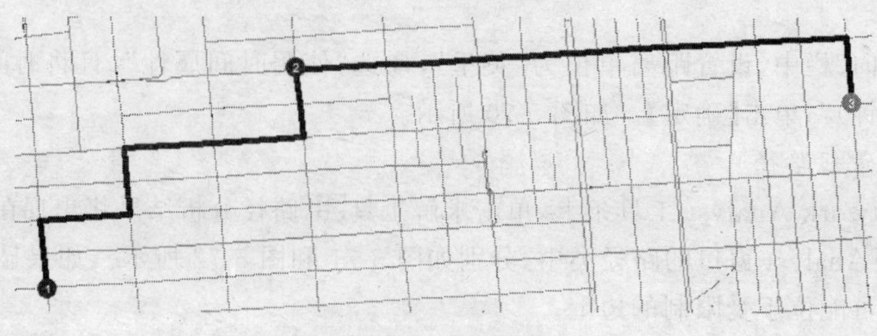

图 5-72 求解路径

(2)在 Network Analyst 工具条上单击，打开“方向(路径)”窗口，如图 5-73 所示。窗口中列出路线详细信息，单击右侧的“地图”链接，显示路线行进策略，如图 5-74 所示。

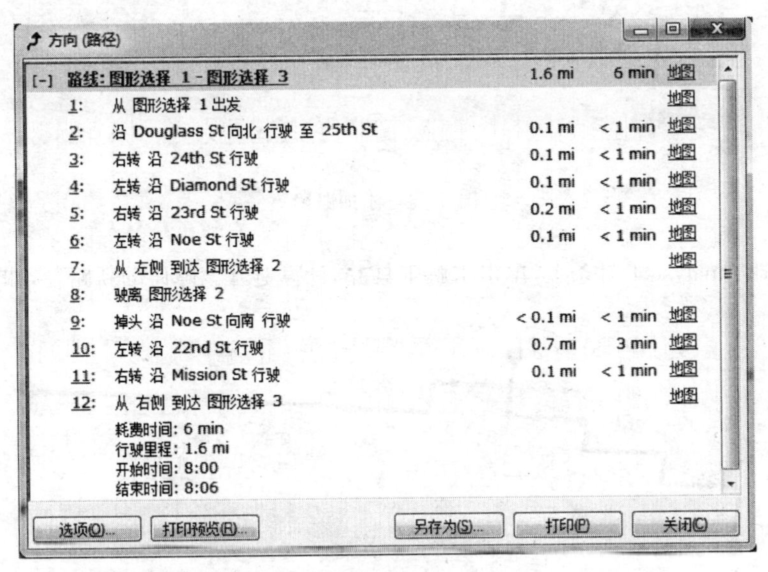

图 5-73　方向(路径)对话框

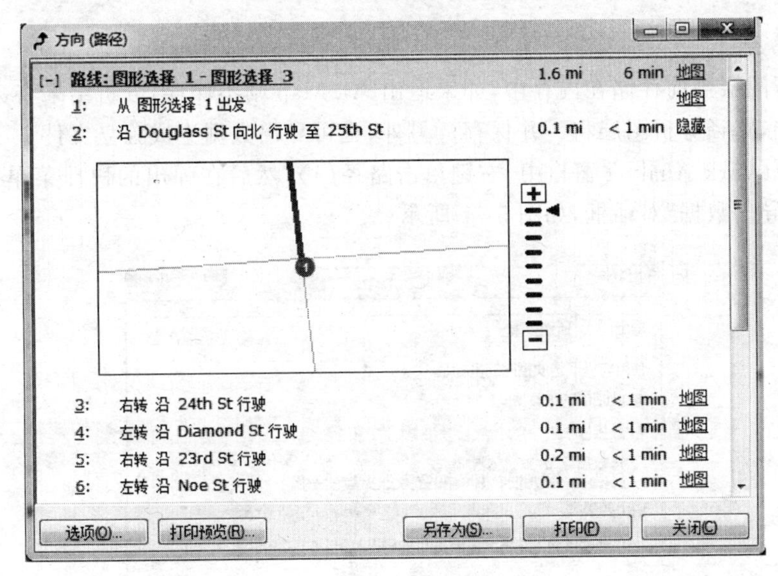

图 5-74　策略示意

6. 添加路障后重新进行路径分析

关闭方向(路径)窗口。在 Network Analyst 窗口中选择“点障碍 (0)”下的“限制型 (0)”，在 Network Analyst 工具条上，单击创建网络位置工具，在路径上的任意位置放置一个或多个障碍，如图 5-75 所示。在 Network Analyst 工具条上，单击选择/移动网络位置工具，在 Network Analyst 窗口中选择障碍点，被选择的障碍点在地图中亮显，按住鼠标左键，可将其拖动到新位置。

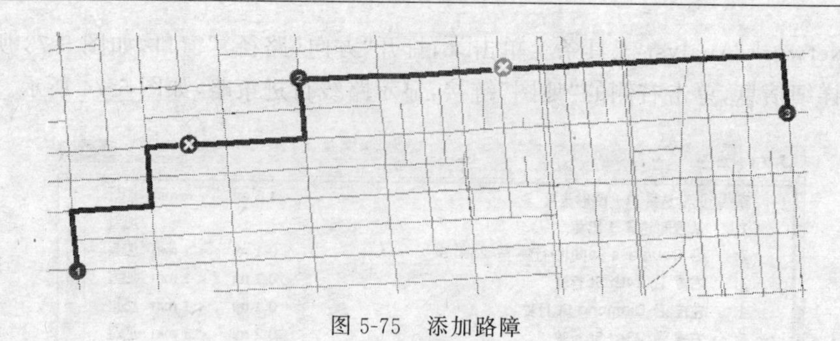

图 5-75 添加路障

在 Network Analyst 工具条上,单击求解工具,计算避开该障碍的新路径,如图 5-76 所示。

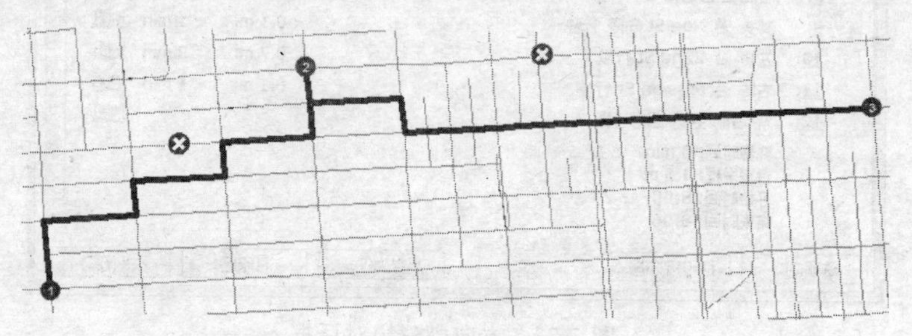

图 5-76 设置路障后的最佳路径

7. 保存路径

路径分析图层当前存储在内存中,如果退出 ArcMap 则不保存,分析结果将丢失。如果保存了地图文档,路径分析图层将一并保存。另外,也可导出数据生成独立文件。

(1)在 Network Analyst 窗口中,右键单击路径(1),然后在弹出的快捷菜单中单击【导出数据】,打开“导出数据”对话框,如图 5-77 所示。

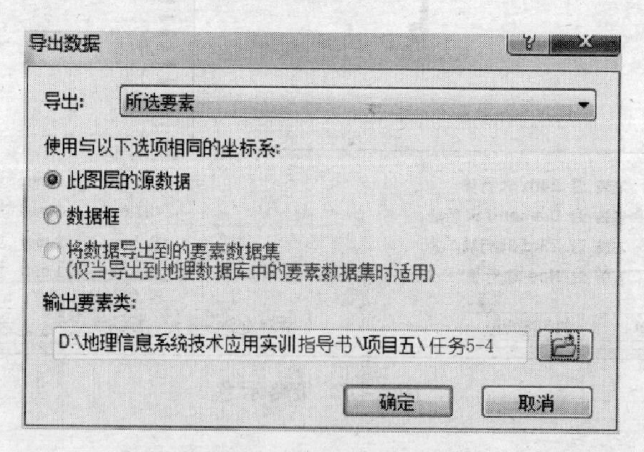

图 5-77 导出数据对话框

(2)单击“输出要素类”文本框右侧的按钮,弹出“保存数据”对话框,如图 5-78 所示。浏览到相应存储文件夹,输入文件名,设置保存类型,单击【保存】,数据保存到指定的工作空间。

图 5-78　保存数据对话框

五、注意事项

(1)路径分析前,一定要确保网络数据有正确的拓扑关系,这直接影响到路径分析的结果。

(2)在移动、删除停靠点或障碍点时,要先在 Network Analyst 窗口中选择对应点,再到地图视图中执行相关操作。

思考与拓展

1. 本任务中,在停靠点和路障点不变的前提下,尝试修改路径分析参数,比较不同分析参数得到的最佳路径有什么不同?

2. 在路径分析参数不变的前提下,改变路障点位置和数量,比较生成的最佳路径有什么不同?

3. 思考阻抗的设置对最佳路径选择的影响。

项目六　耕地坡度分级统计

[项目概述]

坡度是地表单元陡缓的程度，耕地坡度分级是依据耕地所处地势的坡面坡度，按对耕地利用的影响限制程度而划分的级别。为科学掌握耕地信息，有必要对耕地进行坡度分级信息的提取和统计，它也是地理国情监测云平台推出的土地资源类系列数据产品之一。要对耕地坡度分级信息进行统计，首先应根据地形信息提取坡度信息，再与地类图斑进行叠加分析。

本项目将综合运用地理信息系统空间分析和地理信息数据处理等相关知识，利用 ArcGIS 软件，完成某地区的耕地坡度分级统计，包括坡度分析和耕地坡度分级统计两个任务。

[学习目标]

理解地理信息系统空间分析原理，熟悉 ArcGIS 软件空间分析功能及应用，掌握数字高程模型(digital elevation model，DEM)生成、数据结构转换、叠加分析以及根据属性进行地类面积统计等方法。

任务 6-1　坡度分析

一、任务描述

数字高程模型(DEM)是用一组有序数值阵列形式表示地面高程的一种实体地面模型，是数字地形模型(digital terrain model，DTM)的一个分支。包括坡度在内的各种地形特征值均可在 DEM 的基础上派生。在 ArcGIS 中，需要通过不规则三角网(triangulated irregular network，TIN)模型构建 DEM。

因此，要进行坡度分析，应首先创建 TIN 模型，再将其转换为 DEM。

二、任务目标

进一步理解 DEM 的概念及应用，掌握 DEM 的建立方法，能利用 DEM 进行坡度分析。

三、任务内容及要求

一个地区的地表高程变化可以采用多种方法表达，用数学定义的表面或点、线、影像都可以用来表示 DEM。

本任务将学习使用线模式，通过等高线的高程信息构建 DEM。掌握将 TIN 模型转换为 DEM 的基本方法，以及如何利用 DEM 进行坡度分析。

四、任务实施

(一)数据准备

路径	名称	格式	说明
项目六\任务 6-1\原始数据\	等高线	shp	某地区的等高线

(二)操作步骤

1. 创建 TIN 模型

在 ArcGIS 中,利用等高线进行坡度分析的技术流程如图 6-1 所示。

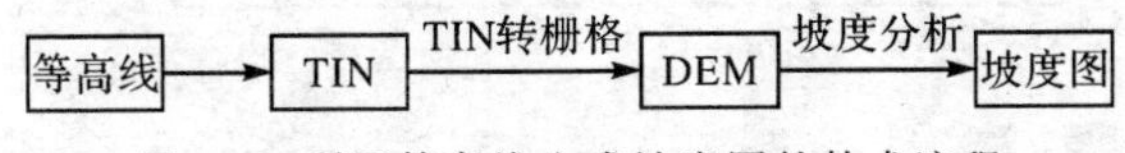

图 6-1　利用等高线生成坡度图的技术流程

创建 TIN 模型及 DEM,进行坡度分析,都要使用 ArcGIS 扩展模块中的 3D Analyst 模块。

(1)运行 ArcMap,单击【自定义】菜单,在弹出的下拉菜单中选择【扩展模块】菜单项,打开"扩展模块"对话框,如图 6-2 所示。在弹出的对话框中选中 3D Analyst,如图 6-3 所示,单击【关闭】,完成 3D Analyst 模块的激活。

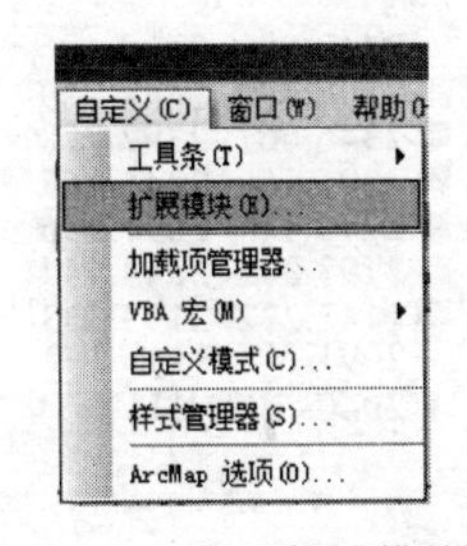

图 6-2　打开扩展模块

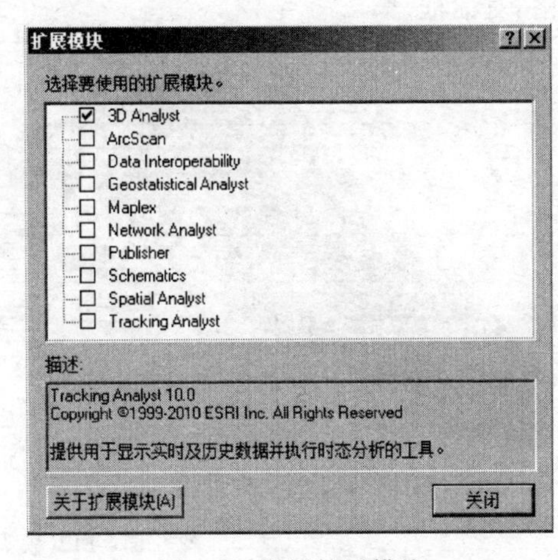

图 6-3　激活扩展模块

(2)在内容列表处单击鼠标右键,添加"等高线.shp"。

(3)在标准工具栏中单击按钮,打开 ArcToolbox,依次单击选择【3D Analyst 工具】/【TIN 管理】,双击【创建 TIN】,打开"创建 TIN"对话框。

(4)在"创建 TIN"对话框中,单击"输出 TIN"设置文本框右侧的按钮,指定创建的 TIN 文件路径为"...\项目六\任务 6-1\成果数据"。文件名为"tin"。单击"输入要素类"设置文本框右侧的按钮,选择等高线。将 height_field 设置为 BSGC,即参与创建 TIN 模型的是等高线要素层的 BSGC(标识高程)属性。勾选"约束型 Delaunay(可选)"选项,单击【确定】,完成 TIN 模型的创建,如图 6-4 所示。创建后的 TIN 会自动加载到 ArcMap 中,如图 6-5 所示。

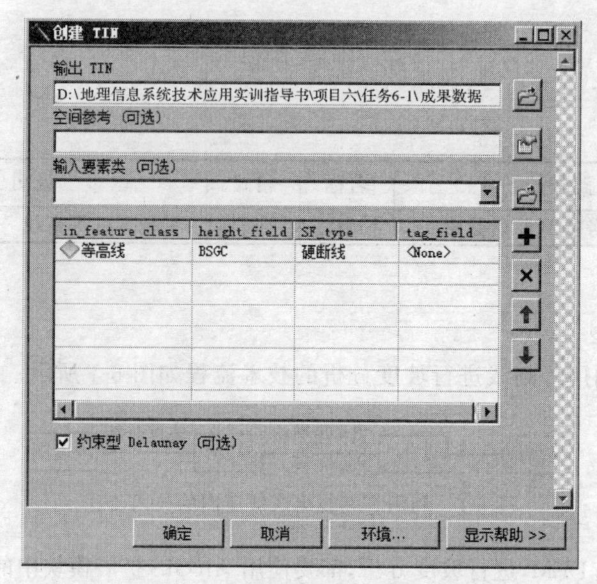

图 6-4 创建 TIN 对话框

(5)在 ArcToolbox 中,依次单击选择【3D Analyst 工具】/【转换】,双击【TIN 转栅格】,打开"TIN 转栅格"对话框。

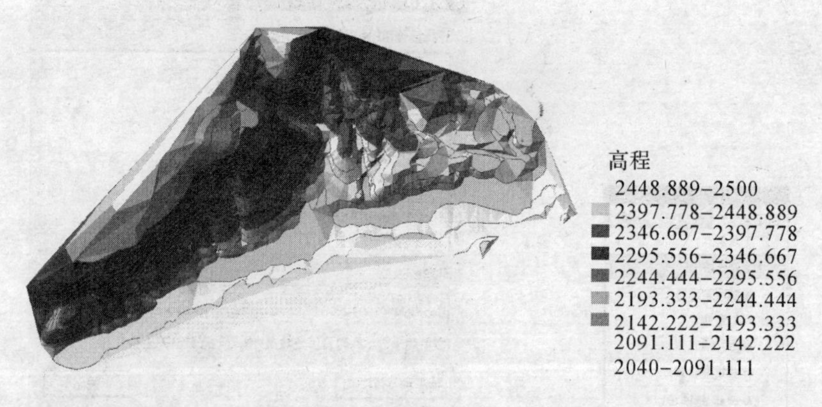

图 6-5 TIN 模型

(6)在"TIN 转栅格"对话框中,单击"输入 TIN"设置文本框右侧的▼按钮,指定输入 TIN 文件为"tin",单击"输出栅格"设置文本框右侧的按钮,指定输出的栅格文件路径为"...\项目六\任务 6-1\成果数据"。文件名为"dem"。单击"输出数据类型(可选)"设置文本框右侧的▼按钮,选择"FLOAT"。单击"方法(可选)"设置文本框右侧的▼按钮,选择"LINEAR"。单击"采样距离(可选)"设置文本框右侧的▼按钮,选择"OBSERVATIONS 250"。单击【确定】,完成由 TIN 模型转出为 GRID 格式的 DEM,如图 6-6 所示。创建后的 DEM 会自动加载到 ArcMap 中,如图 6-7 所示。

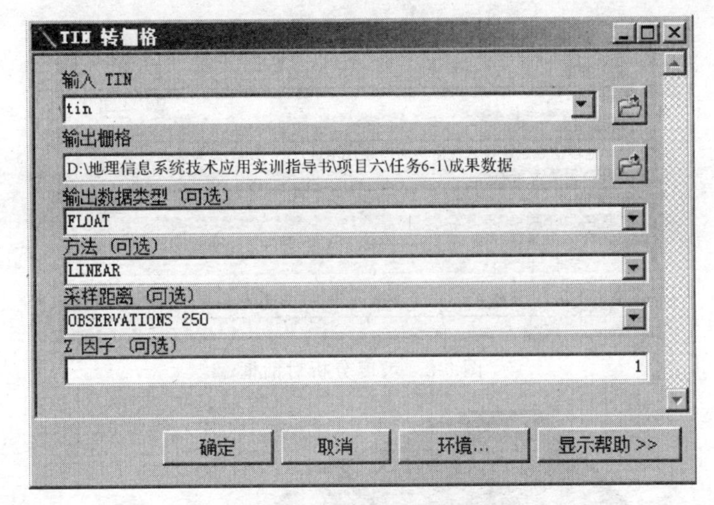

图 6-6　TIN 转栅格对话框

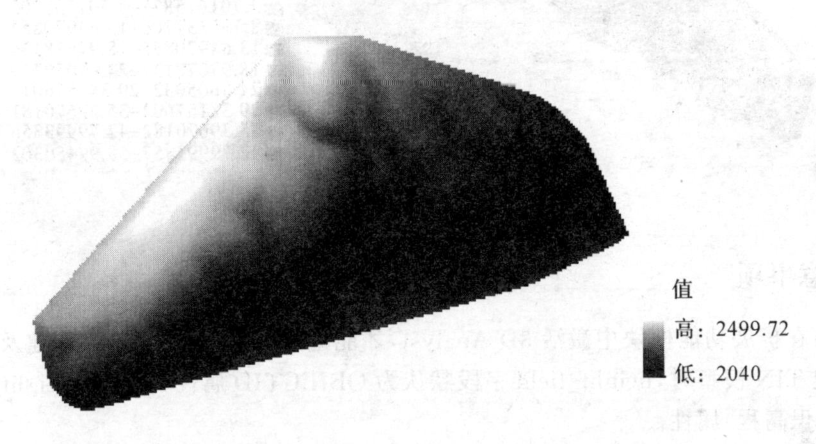

图 6-7　DEM

2. 坡度分析

(1)在 ArcToolbox 中，依次单击选择【3D Analyst 工具】/【栅格表面】，双击【坡度】，打开“坡度”对话框。

(2)在“坡度”对话框中，单击“输入栅格”设置文本框右侧的按钮，指定输入栅格文件为“dem”，单击“输出栅格”设置文本框右侧的按钮，指定输出的栅格文件路径为“...\项目六\任务 6-1\成果数据”。文件名为“slope”。单击“输出测量单位(可选)”设置文本框右侧的按钮，选择“DEGREE”，即坡度将以度为单位进行计算。单击“Z 因子(可选)”设置文本框，输入 1。此数据中 Z 和 x，y 采用相同的测量单位，因此 Z 值为 1。单击【确定】，完成基于 DEM 的坡度分析，如图 6-8 所示。创建后的坡度图会自动加载到 ArcMap 中，如图 6-9 所示。

(三)上交成果

本任务上交成果为名称为“tin”的 TIN 模型数据，名称为“dem”的 GIRD 格式 DEM 数据，名称为“slope”的坡度分析数据。

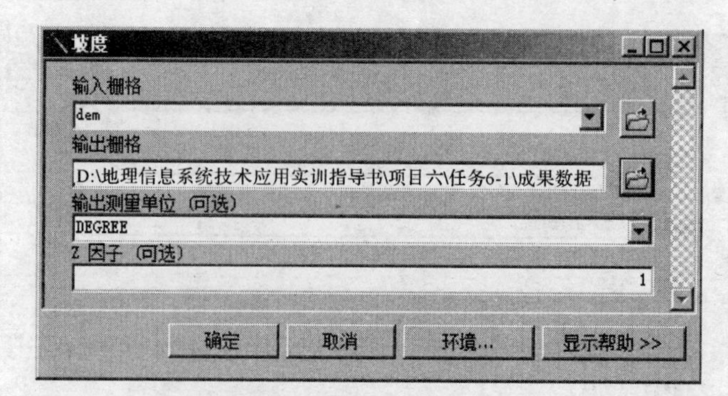

图 6-8 坡度分析对话框

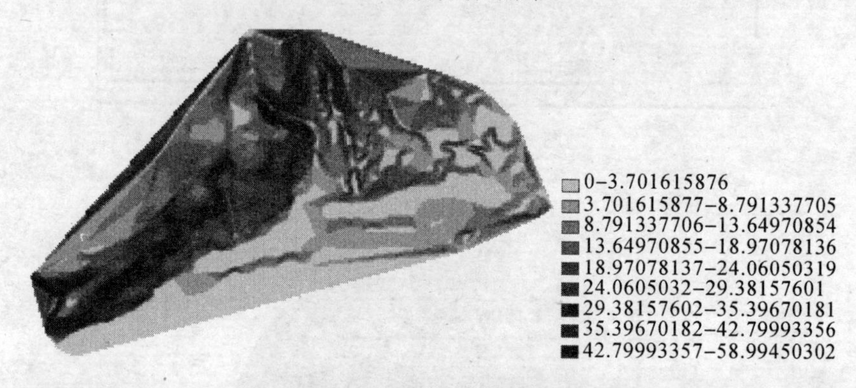

图 6-9 坡度分析结果

五、注意事项

(1)必须在扩展功能模块中激活 3D Analyst，才能进行 TIN 创建、DEM 创建及坡度分析。

(2)创建 TIN 模型时，height_field 字段默认为 OBJECTID 属性，需要将 height_field 设置为 BSGC(标识高程)属性。

思考与拓展

1.创建 TIN 模型时，勾选约束型 Delaunay 会对 TIN 模型效果产生哪些影响？请通过不同操作进行对比。

2.如何重新设置坡度图的分类符号化显示效果？

任务 6-2 耕地坡度分级统计

一、任务描述

依据 GDPJ 01—2013《地理国情普查内容与指标》及 GB/T 21010—2007《土地利用现状分类》中的定义，耕地指经过开垦种植农作物并经常耕耘管理的土地，包括熟耕地、新开发整理荒地、以农为主的草田轮作地；以种植农作物为主，间有零星果树、桑树或其他树木的土地（林木覆盖度一般在 50%以下）。专业性园地或者其他非耕地中临时种农作物的土地不作为耕地。按照耕地类型可划分为水田和旱地两大类。

耕地坡度分级是依耕地所处地势的坡面坡度，按对耕地利用的影响限制程度而划分的级别。1984 年中国农业区划委员会颁布的《土地利用现状调查技术规程》对耕地坡度分为五级，即小于等于 2°、大于 2°小于等于 6°、大于 6°小于等于 15°、大于 15°小于等于 25°、大于 25°。地面坡度的级别不同，对耕地利用的影响不同。小于等于 2°一般无水土流失现象；大于 2°小于等于 6°可发生轻度土壤侵蚀，需注意水土保持；大于 6°小于等于 15°可发生中度水土流失，应采取修筑梯田、等高种植等措施，加强水土保持；大于 15°小于等于 25°水土流失严重，必须采取工程、生物等综合措施防治水土流失；大于 25°为《水土保持法》规定的开荒限制坡度，即不准开荒种植农作物，已经开垦为耕地的，要逐步退耕还林还草。

可见，对耕地进行坡度分级，统计各级坡度的耕地类型及面积，对科学进行土地利用规划具有重要意义。

本任务将在任务 6-1 坡度分析的基础上，对坡度分析结果按《土地利用现状调查技术规程》要求进行坡度分级统计。

二、任务目标

熟悉 ArcGIS 软件的数据处理和分析功能及应用，加深对空间数据分析及处理等相关理论知识的理解，掌握栅格数据重分类、叠加分析、数据裁剪、数据提取、栅格数据向矢量数据转换等数据处理和分析方法。

三、任务内容及要求

进行耕地坡度分级，首先要计算地类图斑内的平均坡度，然后根据 1984 年中国农业区划委员会颁布的《土地利用现状调查技术规程》对地类图斑内平均坡度进行重分类，得到坡度分级栅格数据。另一方面，根据地类图斑的地类名称属性提取出耕地图斑，并使用耕地图斑对耕地坡度栅格数据进行裁剪，得到耕地坡度分级栅格数据，并将其转换为矢量数据。依据 2008 年 6 月，国务院第二次全国土地调查领导小组办公室颁布的《利用 DEM 确定耕地坡度分级技术规定(试行)》的有关内容，将图上面积小于 30 mm^2(即实地小于 3 000 m^2)的耕地坡度分级图斑按坡度级“就低不就高原则”并入邻近图斑。坡度分级矢量数据的图斑界线与坡度分级栅格数据空间位置偏移一般不超过 1 个格网，最大偏移量不得超过 2 个格网。依据耕地坡度分级图斑，对耕地要素层的耕地坡度级属性进行赋值，当耕地图斑涉及两个以上坡度级时，面积最大的坡度级为该耕地图斑的坡度级。最后，利用叠加分析中的空间连接分析，将耕地图斑中的耕地坡度级属性传递给地类图斑要素层。

四、任务实施

(一)数据准备

路径	名称	格式	说明
项目六\任务 6-2\原始数据\	slope	grid	某地区的坡度
项目六\任务 6-2\原始数据\	地类图斑	shp	
项目六\任务 6-2\原始数据\	地类界限	shp	
项目六\任务 6-2\原始数据\	线状地物	shp	
项目六\任务 6-2\原始数据\	行政区界限	shp	

地类图斑属性结构如表 6-1 所示。

表 6-1 地类图斑属性结构描述表（属性表名:DLTB）

序号	字段名称	字段类型	字段长度	小数位数	值域	约束条件	备注
1	地类编码	Char	4		见附录	M	
2	地类名称	Char	60		见附录	M	
3	耕地坡度级	Char	2			M	
4	面积	Float	15	2	>0	M	单位:ha

(二)操作步骤

1. 计算图斑内的平均坡度

(1)运行 ArcMap,在内容列表处单击鼠标右键,添加“slope”栅格数据和“地类图斑.shp”。

(2)单击按钮,打开 ArcToolbox,依次单击选择【Spatial Analyst 工具】/【区域分析】,双击【分区统计】,打开“分区统计”对话框。

(3)在“分区统计”对话框中,单击“输入栅格数据或要素区域数据”设置文本框右侧的按钮,选择“地类图斑”。单击“区域字段”设置文本框右侧的按钮,选择“FID”。单击“输入赋值栅格”设置文本框右侧的按钮,选择“slope”。单击“输出栅格”设置文本框右侧的按钮,指定输出栅格文件路径为“...\项目六\任务 6-2\成果数据”。文件名为“平均坡度”。单击“统计类型(可选)”设置文本框右侧的按钮,选择“MEAN”,即计算地类图斑内的坡度平均值。勾选“在计算中忽略 NoData(可选)”,即如果输入栅格的任何像元含有未在重映射表中出现的或重分类的值,则在计算中将其予以忽略,如图 6-10 所示。单击【确定】,完成地类图斑内平均坡度计算。分级结果将自动添加到 ArcMap 中,如图 6-11 所示。

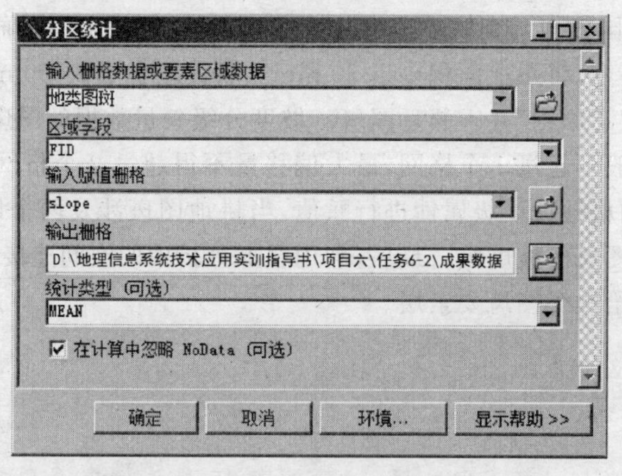

图 6-10 分区统计对话框

2. 坡度分级

(1)在 ArcToolbox 中,依次单击选择【Spatial Analyst 工具】/【重分类】,双击【重分类】,打开“重分类”对话框。

(2)在“重分类”对话框中,单击“输入栅格”设置文本框右侧的按钮,选择“平均坡度”。

"重分类字段"设置文本框会显示默认设置"Value",即栅格单元的像元值,如图 6-11 所示。单击【分类】按钮,打开"分类"对话框。

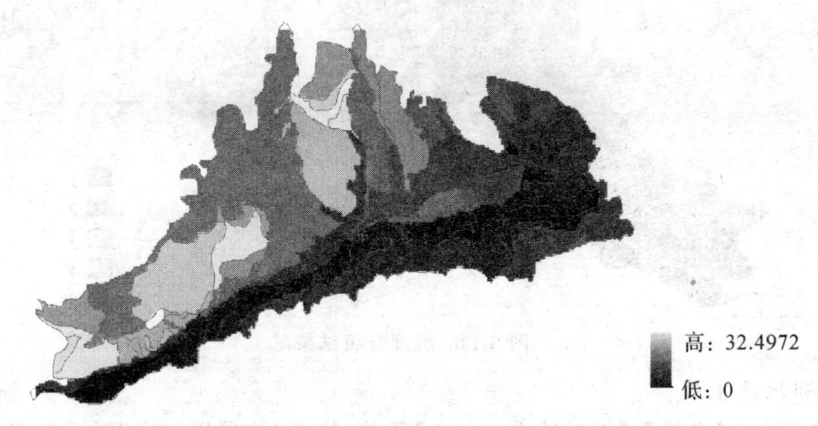

图 6-11　图斑内平均坡度计算结果

(3)在"分类"对话框中,单击分类方法右侧的▼按钮,选择"手动"。在对话框右侧的"中断值"一栏中,设置中断值分别为 2、6、15、25 及 32.497185,对话框左下方的列视图中会将修改结果以可视化的方式显示出来,如图 6-12 所示。单击【确定】,完成分类值设置并返回到"重分类"对话框。

图 6-12　栅格重分类对话框

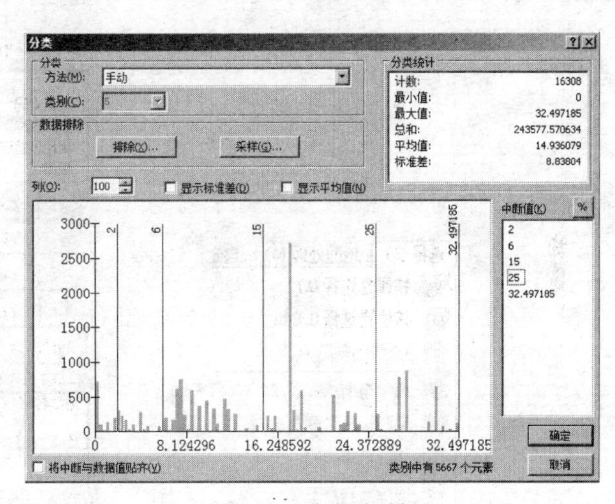

图 6-13　分类对话框

(4)在返回的栅格"重分类"对话框中,单击"输出栅格"设置文本框右侧的按钮,指定输出栅格文件路径为"...\项目六\任务 6-2\成果数据"。文件名为"坡度分级"。单击【保存】,完成输出栅格文件的名称及路径设置。勾选"将缺失值更改为 NoData(可选)",即如果输入栅格的任何像元位置含有未在重映射表中出现或重分类的值,则该值将在输出栅格中的相应位置被重分类为 NoData,如图 6-12 所示。单击【确定】,完成坡度分级,分级结果将自动添加到 ArcMap 中,如图 6-14 所示。

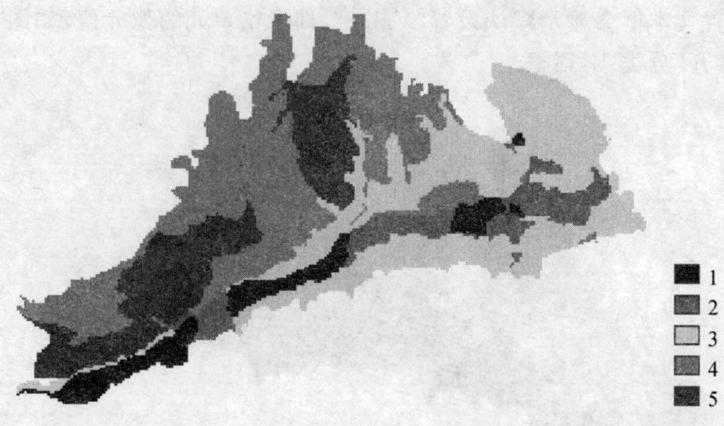

图 6-14 坡度分级结果

3. 提取耕地要素层

(1)单击菜单中【选择】/【按属性选择(A)】菜单，打开“按属性选择”对话框，如图 6-15 所示，在图层中选择“地类图斑”，方法选择“创建新选择内容”，在对话框下方的选择内容文本框中输入："地类名称" = '旱地' OR "地类名称" = '水田'，如图 6-16 所示，单击【确定】，完成耕地图斑的选择。

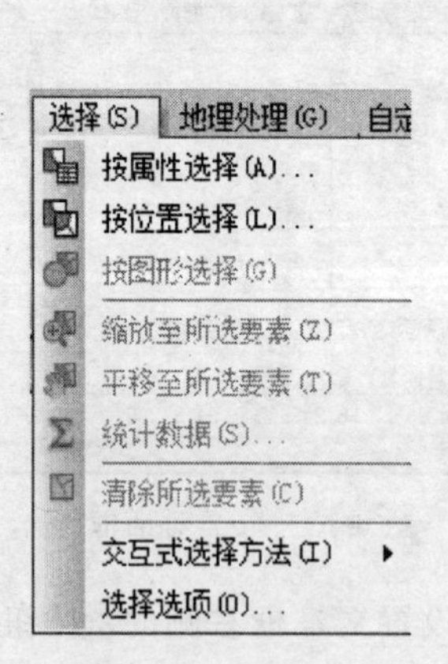

图 6-15 选择菜单

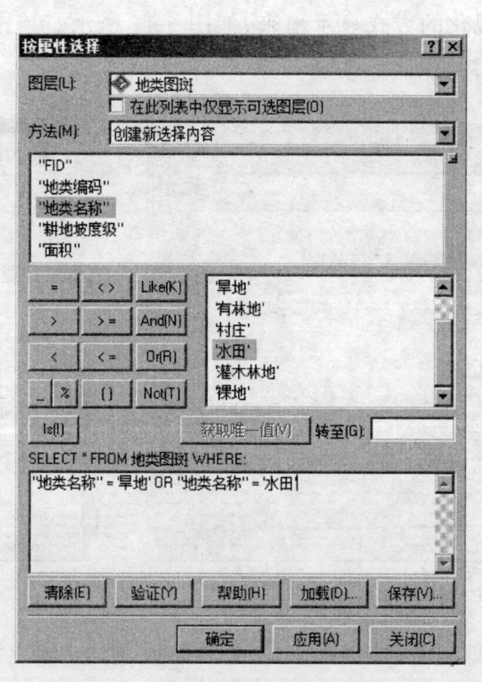

图 6-16 按属性选择对话框

(2)右键单击地类图斑要素层，在弹出的快捷菜单中依次单击选择【数据】/【导出数据】，如图 6-17 所示。在“导出数据”对话框中，导出内容选择“所选要素”，在“使用与以下选项相同的坐标系”栏目中设置为“此图层的源数据”，如图 6-23 所示。单击“输出要素类”右侧的按钮，指定输出的面要素文件路径为“...\项目六\任务 6-2\成果数据”。文件名为耕地，保存类型为 shapefile。单击【确定】，导出数据。

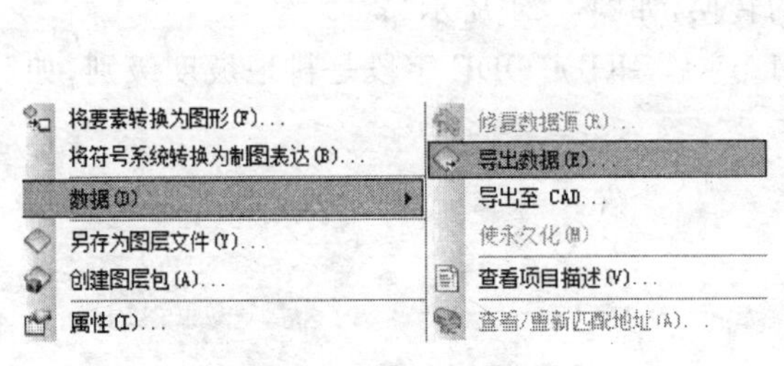

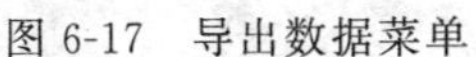

图 6-17　导出数据菜单

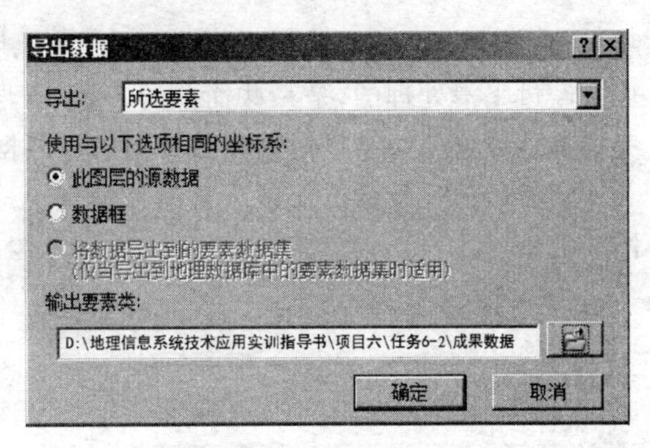

图 6-18　导出数据对话框

(3)数据导出完成后,弹出信息提示对话框,询问"是否将导出的地图数据添加到地图图层中?",单击【是】,完成导出数据的添加。

4. 耕地坡度分级

(1)在 ArcToolbox 中,依次单击选择【数据管理工具】/【栅格处理】,双击【裁剪】,打开栅格"裁剪"对话框。

(2)在栅格"裁剪"对话框中,单击"输入栅格"设置文本框右侧的▾按钮,选择"坡度分级"。单击"输出范围(可选)"设置文本框右侧的▾按钮,选择"耕地"。勾选"将输入要素用于裁剪几何(可选)"选项,单击"输出栅格数据集"设置文本框右侧的📂按钮,指定输出的栅格数据集文件路径为"...\项目六\任务 6-2\成果数据",文件名为"耕地坡度分级",如图 6-19 所示。单击【确定】,完成耕地坡度分级栅格数据的提取。裁剪后的栅格数据会自动加载到 ArcMap 中,如图 6-20 所示。

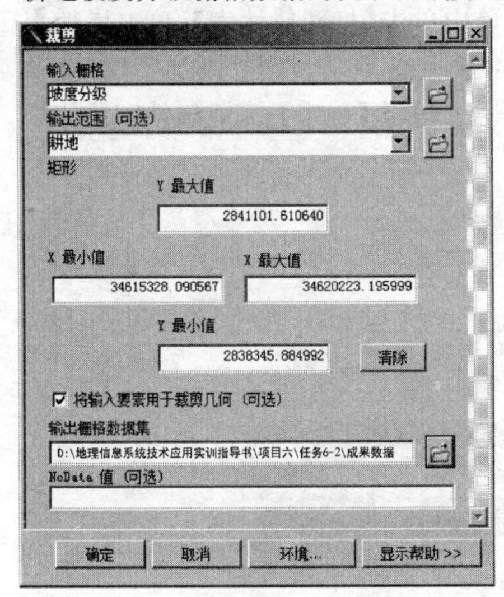

图 6-19　栅格裁剪对话框

图 6-20　耕地坡度分级图

(3)在 ArcToolbox 中,依次单击选择【转换工具】/【由栅格转出】,双击【栅格转面】,打开"栅格转面"对话框。

(4)在"栅格转面"对话框中,单击"输入栅格"设置文本框右侧的▾按钮,选择"耕地坡度分级"。"字段(可选)"设置文本框选择"Value",即使用栅格单元的 Value 属性值转换为面状矢量数据。单击"输出面要素"设置文本框右侧的📂按钮,指定输出的面要素文件路径为"...\

项目六\任务 6-2\成果数据”，文件名为“耕地坡度分级”。勾选“简化面(可选)”，即转换后的面是经过平滑处理的，是一些简单的形状，不与输入栅格的像元边缘保持一致。单击【确定】，完成耕地坡度分级结果由栅格数据向矢量数据的转换，如图 6-21 所示。

转换后的矢量数据要素会自动加载到 ArcMap 中，GRIDCODE 字段是耕地坡度级别，如图 6-22 所示。

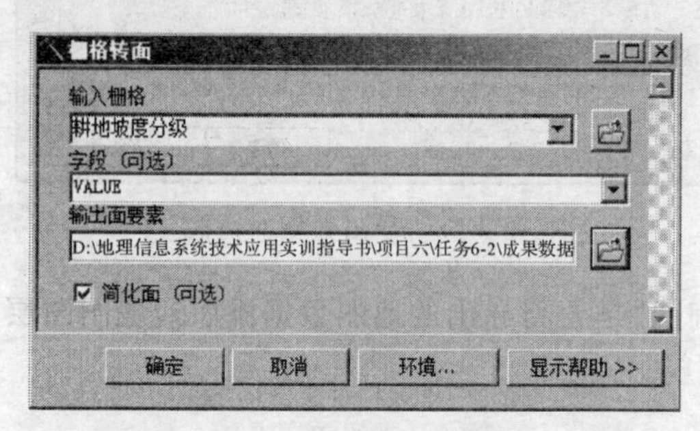

图 6-21　栅格转面对话框

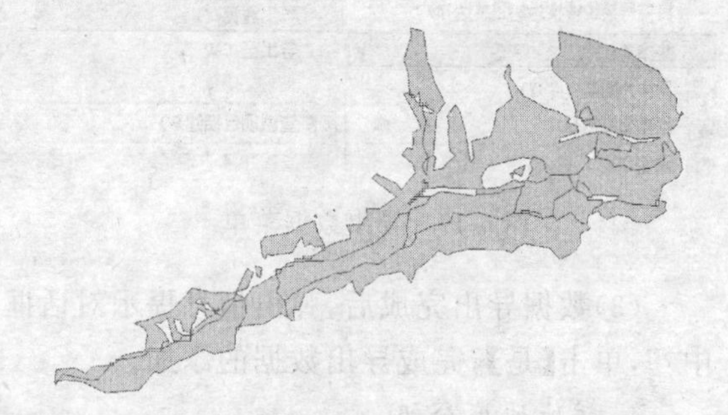

图 6-22　转换后的耕地坡度分级要素层

5. 耕地坡度分级数据整理

通过对图 6-22 观察分析可见，耕地坡度分级要素层中有大量小面积坡度基本图形单元，它会影响耕地坡度分级结果。应对这些小图斑进行合并消除，其技术要求为：将图上面积小于 30 mm²(即 3 000 m²)的坡度分级图斑按坡度级“就低不就高原则”并入邻近图斑。坡度分级矢量数据的图斑界线与坡度分级栅格数据空间位置偏移一般不超过 1 个格网，最大偏移量不得超过 2 个格网。具体步骤如下：

(1)右键单击耕地坡度分级要素层，在弹出的快捷菜单中单击【打开属性表】，单击属性表中的表选项按钮，在弹出的菜单中单击【添加字段】，如图 6-23 所示，打开“添加字段”对话框，在对话框中输入字段名称为“面积”，字段类型为“双精度”，单击【确定】，完成属性字段的添加，如图 6-24 所示。

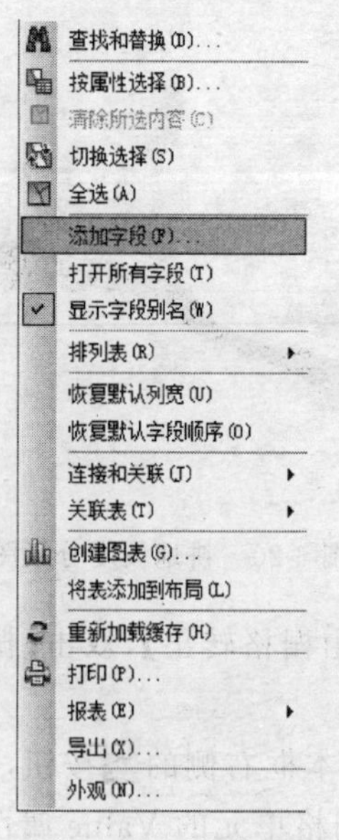

图 6-23　添加字段

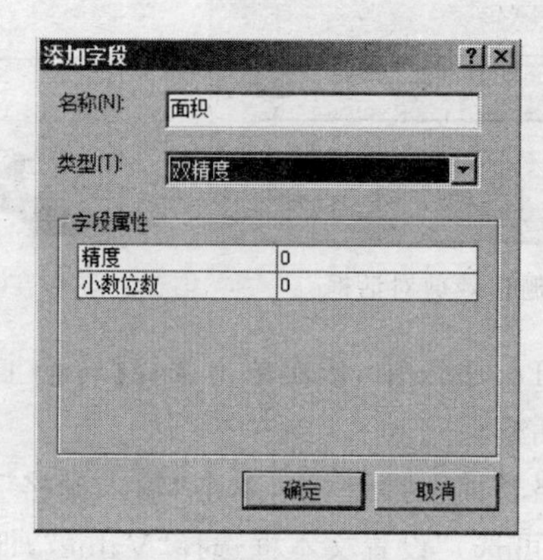

图 6-24　添加字段对话框

(2)右键单击“面积”字段,在弹出的快捷菜单中单击【计算几何】,如图 6-25 所示。弹出警告提示,询问“将要在编辑会话外执行计算。与在编辑模式下执行计算相比,此方法速度更快,但是计算一旦开始,便无法撤销结果。是否继续?”,单击【是】,打开“计算几何”对话框。

(3)在弹出的“计算几何”对话框中,选择“属性”为“面积”,单击【确定】,完成要素面积字段的计算,如图 6-26 所示。

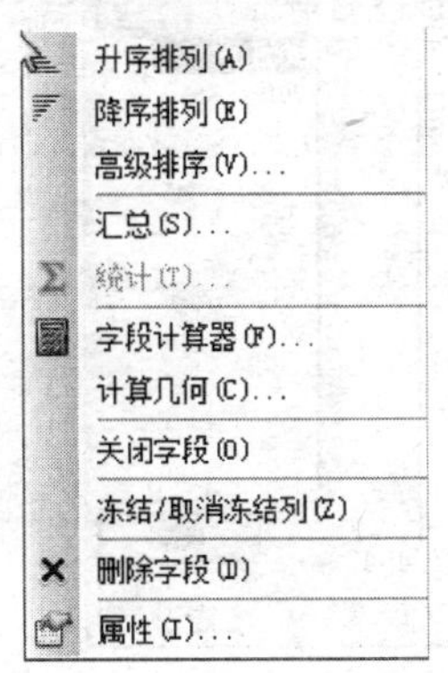

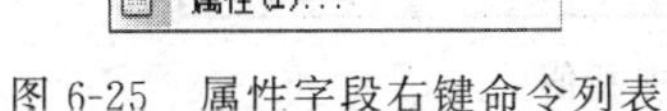
图 6-25　属性字段右键命令列表

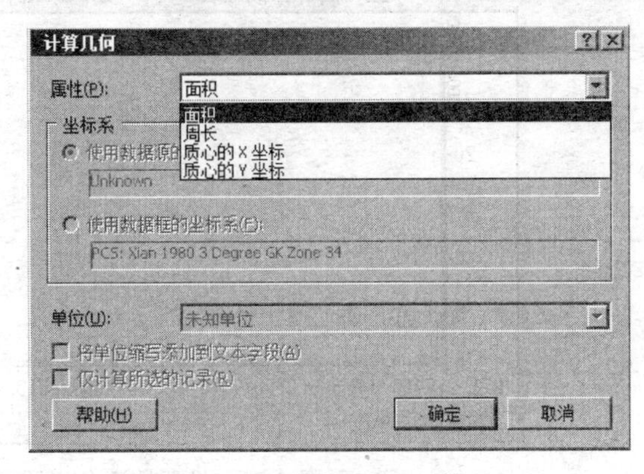

图 6-26　计算几何对话框

(4)右键单击坡度分级要素层,单击【属性】,打开“图层属性”对话框。选择【符号系统】选项卡。在显示类别栏目中依次单击选择【数量】/【分级色彩】。在右侧的字段值设置中将值设置为“面积”,如图 6-27 所示。在分类选项中设置类数目为“2”,单击右侧的【分类】按钮,打开“分类”设置对话框。

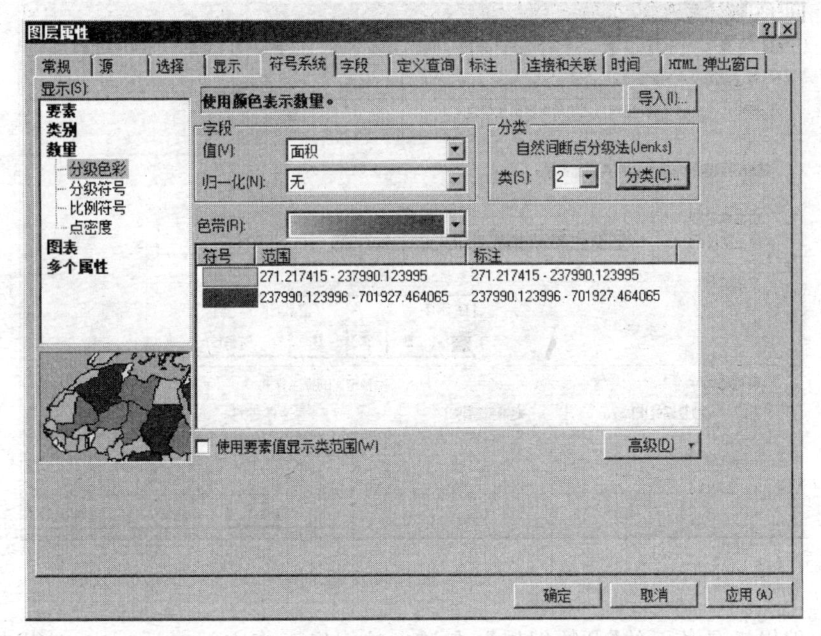

图 6-27　耕地坡度分级图斑面积分级符号化设置

(5)在弹出的“分类”设置对话框中,设置中断值为 3 000,如图 6-28 所示。单击【确定】,返回“图层属性”对话框,单击【确定】,完成分级色彩设置,图中浅绿色为面积小于 3 000 m^2 的图斑。

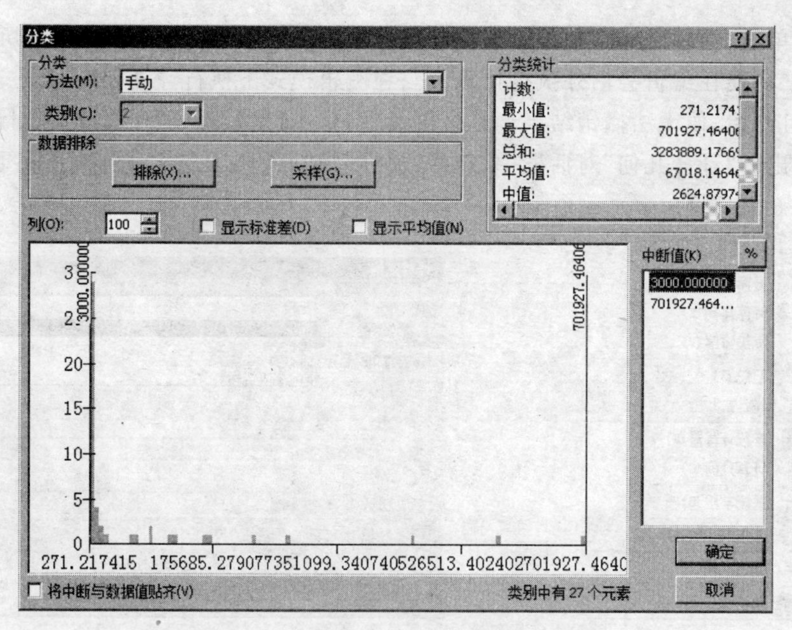

图 6-28 设置坡度分级图斑分类中断值

(6)再次右键单击耕地坡度分级要素层,单击【属性】,打开"图层属性"对话框。选择【标注】选项卡。勾选"标注此图层中的要素",在标注方法中选择"以相同方式为所有要素加标注",在标注字段中选择"GRIDCODE",如图 6-29 所示。单击【确定】,完成坡度级字段的标注,如图 6-30 所示。

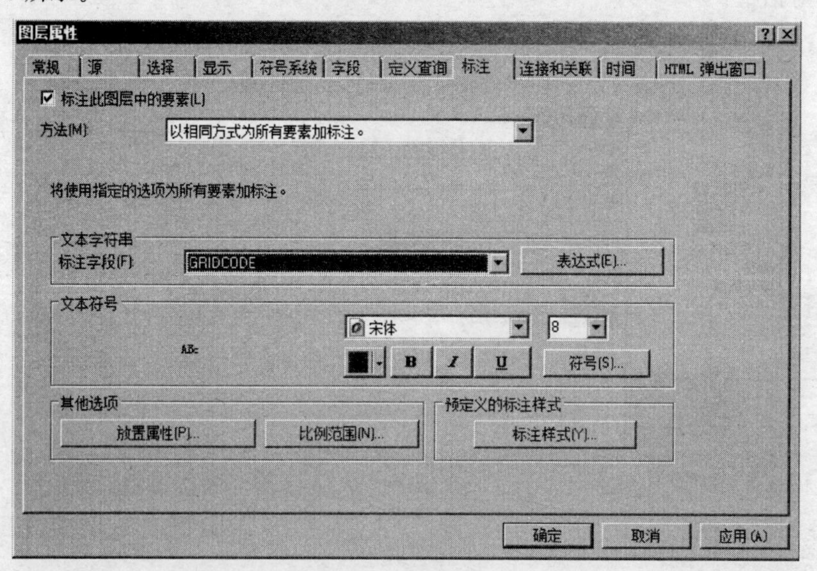

图 6-29 标注坡度级别

(7)单击编辑工具条下的【开始编辑】,在弹出的编辑工作空间对话框中,选择耕地坡度分级要素层,单击【确定】,即开始编辑,如图 6-31 所示。

(8)单击工具栏中的通过矩形选取要素工具,选中浅绿色图斑,即面积小于 3 000 m^2 的坡度分级图斑,按坡度级"就低不就高原则",选中其位于同一耕地图斑中的邻近图斑,单击编辑工具条下的【合并】工具，如图 6-32 所示。在弹出的“合并”对话框中，选择其邻近的面积大于 3 000 m^2 的坡度分级图斑，单击【确定】，如图 6-33 所示。

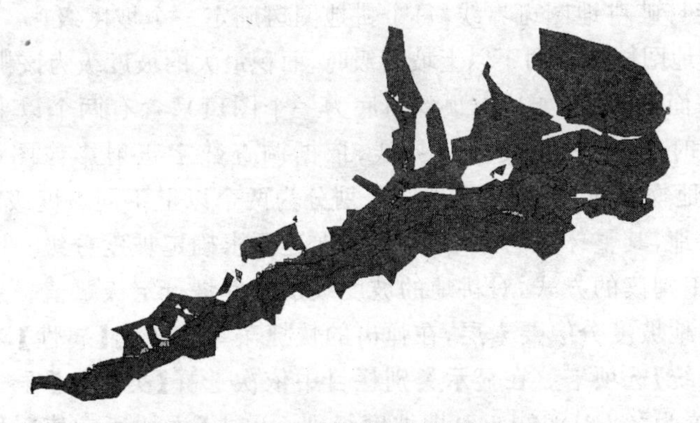

图 6-30　图斑坡度级别标注效果

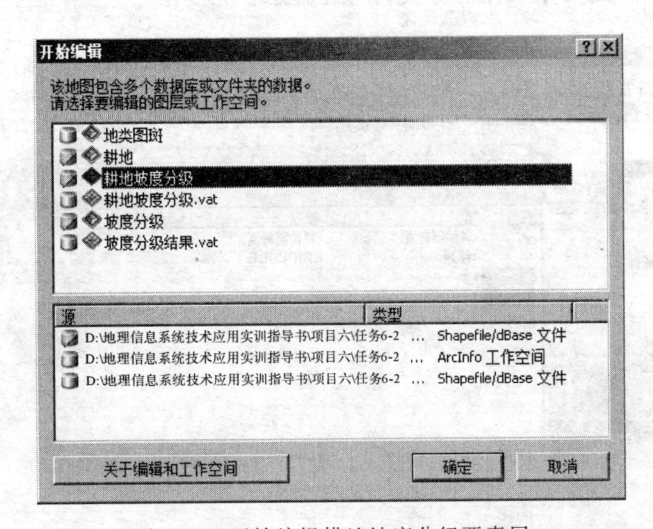

图 6-31　开始编辑耕地坡度分级要素层

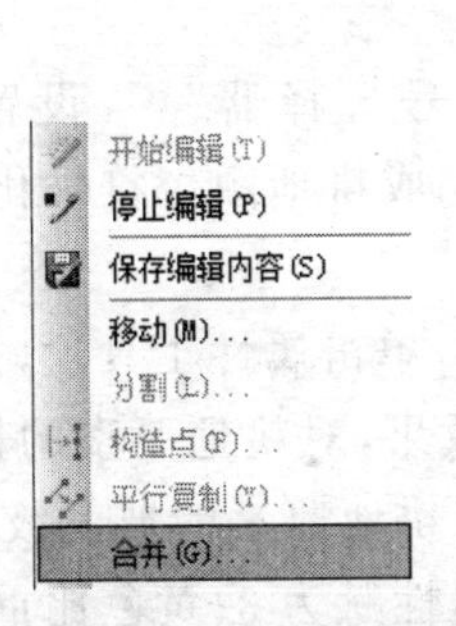

图 6-32　合并工具

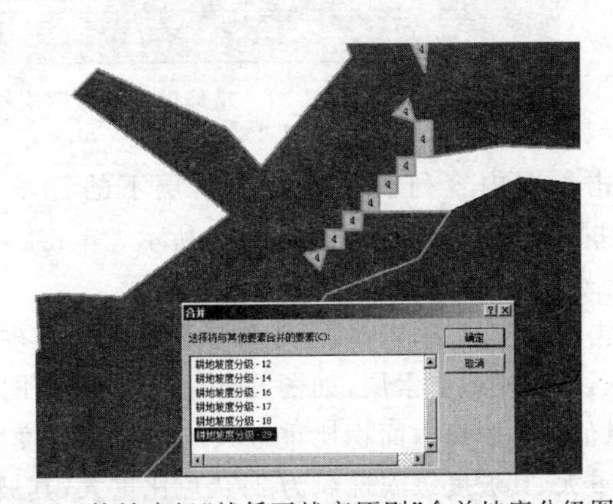

图 6-33　按坡度级“就低不就高原则”合并坡度分级图斑

(9)重复步骤(8)，将该区域所有面积小于 3 000 m^2 的坡度分级图斑进行合并处理。

6. 耕地坡度分级定级

耕地坡度分级的定级要满足以下技术要求：

(1)原则上不能打破耕地图斑界线，每个耕地图斑确定一个坡度级。

(2)当调查的耕地图斑涉及两个以上坡度级时，面积最大的坡度级为该耕地图斑的坡度级。

(3)当耕地图斑面积较大(如从山顶到山底为一个图斑)、含有两个以上坡度级时，且各坡度级耕地面积相当时，可参照坡度分级界线，依据调查数字正射影像图(digital orthophoto map，DOM)上明显地物界线，可将该耕地图斑划分为两个以上不同坡度级的图斑。

(4)对于破碎耕地，其整体视为一个图斑，按上述要求确定坡度分级。

本任务采用人工判读的方式，对耕地的坡度级别属性进行定级赋值。步骤如下：

(1)右键单击耕地坡度分级要素层，在弹出的快捷菜单中单击【属性】，打开“图层属性”对话框。选择【符号系统】选项卡。在显示类别栏目中依次选择【类别】/【唯一值】。在右侧的值字段设置中将值设置为“GRIDCODE”，即坡度级别。单击【添加所有值】，如图 6-34 所示。单击【确定】，完成坡度分级矢量数据的分类符号化显示。

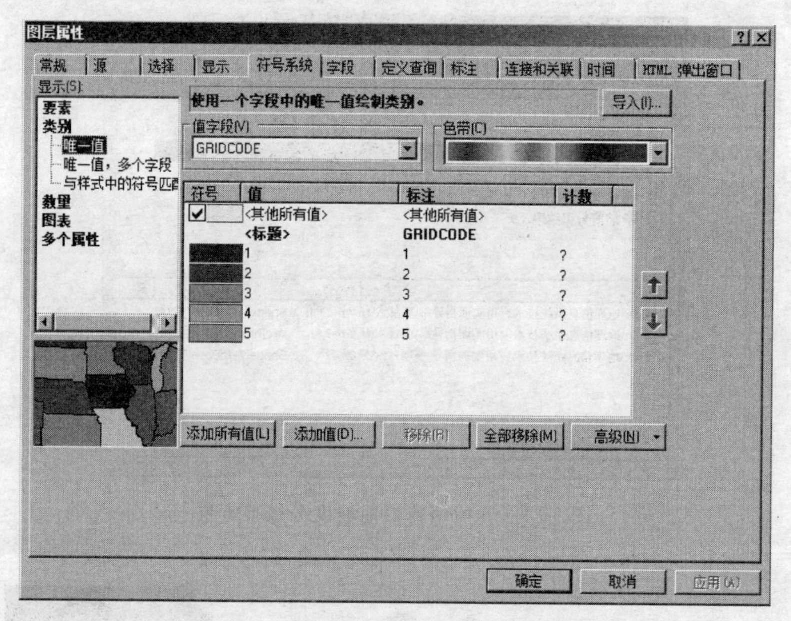

图 6-34 耕地坡度分级图层符号化设置

(2)单击地图内容列表中耕地要素层下的符号，在“符号选择器”中，设置其符号为 Hollow，轮廓颜色为 Marsred，如图 6-35 所示。单击【确定】，完成耕地图斑符号化，并与耕地坡度分级符号化结果叠加显示，如图 6-36 所示。

(3)单击编辑工具条，选择【开始编辑】，依次选择耕地图斑，单击属性工具▤，打开“属性”编辑对话框，编辑耕地要素层，如图 6-37 所示。根据图 6-36 效果，对耕地要素的耕地坡度级属性进行赋值。若图斑内面积比重最大的是蓝色坡度图斑，则耕地要素的坡度级赋为 1。同理，红色比重大，其坡度级属性赋为 2；灰色比重大，其坡度级属性赋为 3；黄色比重大，其坡度级属性赋为 4；绿色比重大，其坡度级属性赋为 5。

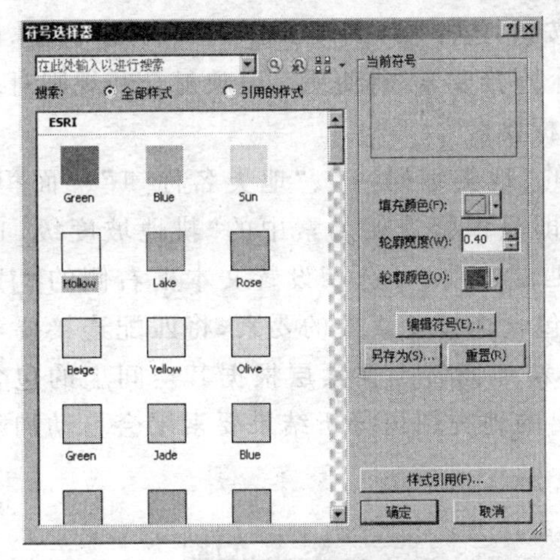

图 6-35　符号选择器

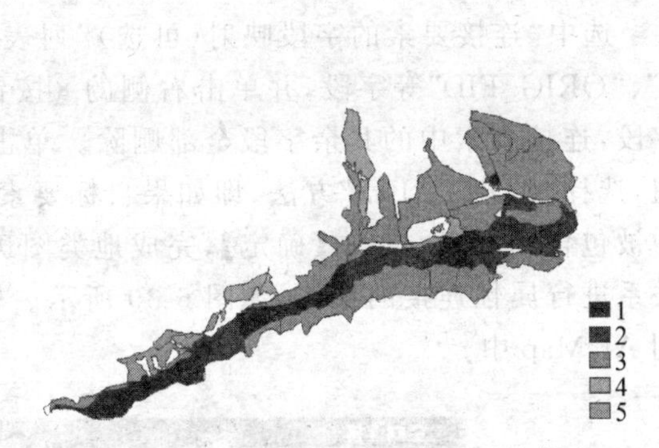

图 6-36　符号化后的坡度分级面要素层

(4)单击编辑工具条,选择【保存编辑内容】,将赋值后的耕地要素层属性进行保存。单击编辑工具条,选择【停止编辑】。

(5)在 ArcToolbox 中,依次单击选择【数据管理工具】/【要素】,双击【要素转点】,打开"要素转点"对话框。

(6)在弹出的"要素转点"对话框中,单击"输入要素"设置文本框右侧的▼按钮,选择耕地要素层。单击"输出要素类"设置文本框右侧的按钮,指定输出的点要素文件路径为"...\项目六\任务 6-2\成果数据",文件名为"耕地面转点"。勾选"内部(可选)",即生成的点要素落在耕地面要素内部,如图 6-38 所示。单击【确定】,完成耕地要素由面要素转为点要素,转换后的点要素属性与耕地要素层完全一致。转换后的点要素会自动加载到 ArcMap 中。

图 6-37　属性编辑对话框

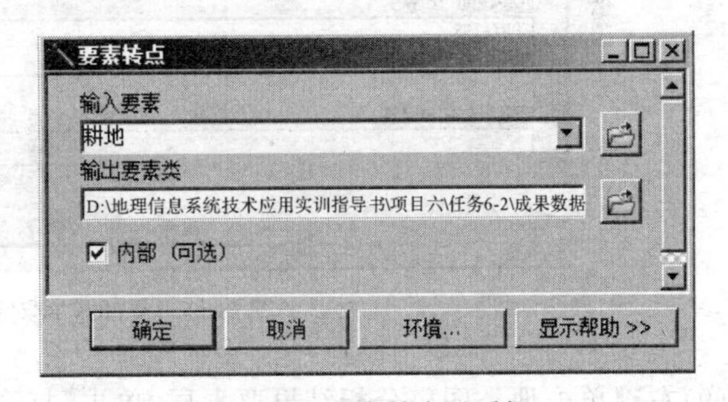

图 6-38　要素转点对话框

(7)在 ArcToolbox 中,依次单击选择【分析工具】/【叠加分析】,双击【空间连接】,打开"空间连接"对话框。

(8)在"空间连接"对话框中,单击"目标要素"设置文本框右侧的▼按钮,选择"地类图斑"要素层。单击"连接要素"设置文本框右侧的▼按钮,选择"耕地面转点"要素层。单击"输出要素类"设置文本框右侧的按钮,指定输出的点要素文件路径为"...\项目六\任务 6-2\成果数据",文件名为"地类图斑分析结果"。

单击“连接操作(可选)”设置文本框右侧的▼按钮,选择“JOIN_ONE_TO_ONE”方法,即如果找到与同一目标要素存在相同空间关系的多个连接要素,将使用字段映射合并规则对多个连接要素中的属性进行聚合。勾选“保留所有目标要素”。

选中“连接要素的字段映射(可选)”列表下的“地类编码_1”、“地类名称_1”、“面积_1”、“ORIG_FID”等字段,并单击右侧的×按钮,即只保留连接要素中的“耕地坡度级_1”字段,连接要素中的其余字段全部删除。单击“匹配选项(可选)”设置文本框右侧的▼按钮,选择“CONTAINS”方法,即如果目标要素中包含连接要素中的要素,将匹配连接要素中被包含的要素。单击【确定】,完成地类图斑与耕地面转点要素层根据其空间上的包含关系进行属性连接的操作,如图 6-39 所示。输出的地类图斑分析结果要素层会自动加载到 ArcMap 中。

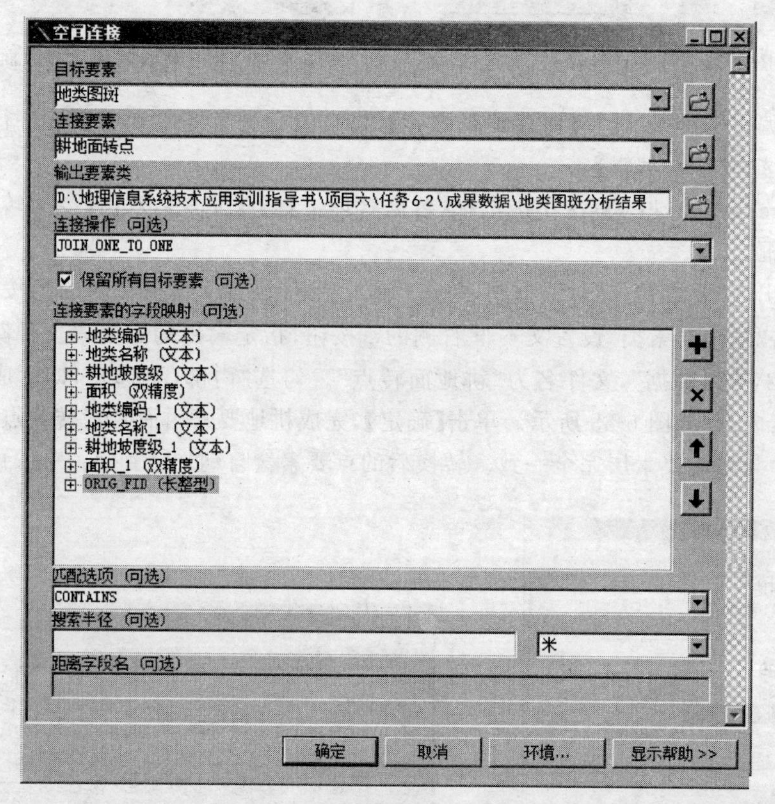

图 6-39 空间连接对话框

(9)右键单击地类图斑分析结果要素层,单击【打开属性表】,右键单击耕地坡度级属性列,单击【字段计算器】,弹出“字段计算器”对话框。在“字段计算器”对话框中双击左上方的“耕地坡度级_1”字段,即对耕地坡度级属性赋予“耕地坡度级_1”的属性信息,如图 6-40 所示。单击【确定】,完成地类图斑分析结果要素层中耕地坡度级属性赋值。

(10)右键单击“耕地坡度级_1”属性列,单击【删除字段】,完成地类图斑中耕地的耕地坡度级分级。

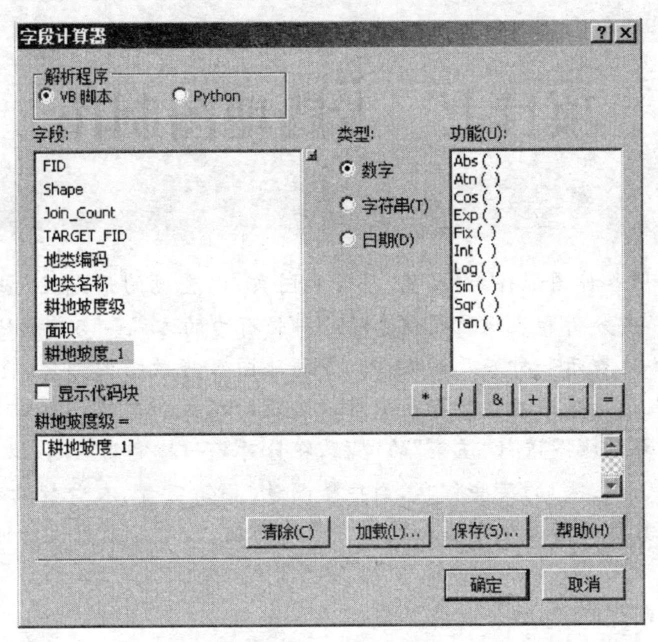

图 6 40　字段计算器

(三)上交成果

本任务上交的数据成果为“地类图斑分级结果数据.shp”。该数据对地类图斑中的耕地坡度级属性进行了赋值。

五、注意事项

(1)栅格裁剪时,注意勾选“将输入要素用于裁剪几何”选项,否则将按输入要素的最小外包矩形裁剪出矩形区域的栅格数据。

(2)将耕地坡度分级栅格数据转换为矢量数据时,注意勾选“简化面”选项,即转换后的面是经过平滑处理的,是一些简单的形状。否则,转换后的面要素边缘会出现栅格单元大小的锯齿状形状。

(3)对耕地坡度分级图斑进行合并操作时,注意在可选性列表中将耕地坡度分级要素层设置为可选,其余要素层设置为不可选。对耕地图斑的耕地坡度即属性进行赋值时,注意在可选性列表中将耕地要素层设置为可选,其余要素层均设置为不可选。

(4)使用人工判读的方式,对耕地的坡度级别属性进行定级赋值时,注意将耕地要素层符号设置为 Hollow,边框设置为红色,用于区分不同要素层。赋值时,可按住 Shift 键,再使用选取工具对同一坡度级别的图斑进行批量选中,批量赋值。

思考与拓展

1. 在本任务中,涉及了哪些地理信息系统原理知识,使用了哪些空间分析工具?

2. 栅格数据转为矢量数据后,栅格单元的分类属性在矢量数据中如何体现?

3. 在 ArcGIS 中,如何实现矢量数据向栅格数据的转换?

4. 本任务中使用【选择】菜单中的【按属性选择】进行耕地要素的提取,除此之外,在 ArcMap 中是否还有其他按属性提取数据的方法?

项目七　专题地图制作

[项目概述]

专题地图指使用各种图形样式(颜色、符号和图案)以直观的形式显示地图某一种或某几种信息的一类地图,是分析和表现地图信息的一种强有力的方式。与普通地图相比,专题地图可以更突出、更完备地表示一种或几种要素。专题地图可将数据图形化,将数据直观、形象地显示于地图上,使人们清楚地发现数据表中难以发现的模式和趋势。制作专题地图的过程是根据某个特定的专题对地图进行“渲染”的过程,即针对某一特定的主题,以某种图案或颜色填充表明地图对象(点、线、区)的某些信息,如年降雨量、年销售量、人口数量和人口密度等。本项目首先介绍矢量数据的符号化方法和地图符号库的制作,学习制作作物种植分布图。

[学习目标]

学习专题图的制作流程、方法和技术要求。

知识准备　矢量数据符号化

一、符号化

地图采用图式符号语言表达空间对象的数量、质量等特征,使其更形象化,准确化,具有可读性和可量测性。地图符号是地图的语言,是表达地图内容的主要手段。

地图数据符号化有两个含义:在地图设计工作中,地图数据的符号化指利用符号将连续的数据进行分类分级、概括化、抽象化的过程;在数字地图转换为模拟地图过程中,地图数据的符号化指将已处理好的矢量地图数据恢复成连续图形,并附之以不同符号表示的过程。本书的符号化指后者。

在 ArcMap 制图中,当往地图中增加一个数据层时,该数据层的所有要素以一种缺省的符号显示,可以改变显示的符号,还可以对图层中的不同要素按照其字段值以不同的符号显示。

二、符号化方法

ArcMap 制图中,符号化方法可分为几类:单一符号、分类符号、分级符号、分级色彩、比率符号、点值符号、统计符号、组合符号等。

(1)单一符号法:采用大小、形状和颜色都统一的点线面符号表达制图要素。该方法忽略要素在数量、大小等方面的差异,只能反映制图要素的地理位置而不能反映要素的定量差异,然而正是由于这种特点,在表达制图要素的地理位置方面具有一定的优势。

(2)分类符号法:根据数据层要素属性值,将具有相同属性值和不同属性值的要素分开,属性值相同的采用相同的符号,属性值不同的采用不同的符号。利用不同的形状、大小、颜色、图案符号表达不同的要素。分类符号表示方法能够反映出地图要素的数量或质量差异。

(3)分级色彩法:将要素属性数值按照一定的分级方法分成若干级别之后,用不同的颜色表示不同级别。每个级别用来表示数值的一个范围,从而可以明确反映制图要素的定量差异。色彩选择和分级方案是分级色彩表示方法中的重要环节,因为颜色的选择和分级的设置要取决于制图要素的特征,只有合理的配色方案和科学的分级方法才能将地图中要素的宏观分布规律体现得清晰明确。该方法多用于人口密度分级图、粮食产量分级图等。

(4)分级符号法:采用不同的符号表示不同级别的要素属性数值,符号形状取决于制图要素的特征,而符号的大小取决于分级数值的大小或级别的高低。该方法一般用于点状或者线状要素,如人口分级图,道路分级图等,其优点是可以直观地表达制图要素的数值差异。

(5)比率符号法:在分级符号表示方法中,属性数据被分为若干级别,在数值处于某一级别范围内的时候,符号表示都是一样的,体现不出同一级别不同要素之间的数量差异,而比率符号表示方法是按照一定的比率关系,确定与制图要素属性数值对应的符号大小,一个属性数值对应一个符号大小,这种一一对应的关系使得符号设置表现得更细致,不仅反映不同级别的差异,也能反映同级别之间微小的差异。但是如果属性数值过大,则不适合采用此种方法,因为比率符号过大会严重影响地图的整体视觉效果。

(6)点值符号法:使用一定大小的点状符号表示一定数量的制图要素,表现出一个区域范围内的密度数值,数值较大的区域点较多,数值小的地区点较小,是一种用点的密度来表现要素空间分布的方法。

(7)统计符号法:用于表示制图要素的多项属性。常用的统计图有饼状图、柱状图、累计柱状图等。饼图主要用于表示制图要素的整体属性与组成部分之间的比例关系。柱状图常用于表示制图要素的两项可比较的属性或变化趋势。累计柱状图既可以表示相互关系与比例,还可以表示相互比较与趋势。

(8)组合符号法:以上的符号设置方法都只是针对单个要素的一项属性数据或者一项属性的几个组成部分来进行表达。但在实际工作中,仅仅针对单个要素进行符号设置是不够的,比如道路数据层中既包含了道路的等级,又包含了道路的运输量等。城镇数据层中,既有城镇的人口数量、人口密度,又包含了城镇的行政等级、绿化面积等。在这样的情况下,可以使用组合符号表示方法,例如用符号大小表示人口密度,同时用符号颜色表示行政等级。

三、地图符号库的制作

地图符号是由形状不同、大小不一、色彩有别的图形或文字组成,它能够传递地理事物在空间位置、形状、质量、数量和各事物之间的相互联系及区域总体特征等方面的信息,因此地图符号库的设计和制作在地图制图及GIS中具有重要地位。以下介绍三种二维符号库的制作方法。

(一)基于ArcMap中已有符号制作符号库

ArcMap中最常用的符号有点符号、线符号、面符号和文本符号。在样式管理器中创建新的符号库文件,或打开已经存在的符号库,然后分别选择点、线、面等类型的符号进行符号制作和组合,即可完成符号库制作。

1. 点符号

(1)简单标记符号是由一组具有可选轮廓的快速绘制基本字形模式组成的标记符号。

(2)字符符号是通过任何文本中的字形或系统字体文件夹中显示的字体创建而成的标记符号,它基于字体库文件(ttf)进行制作和编辑。

(3)箭头是具有可调尺寸和图形属性的简单三角形符号。若要获得较复杂的箭头标记,可使用ESRI箭头字体中的任一字形创建字符标记符号。

(4)图片符号是由单个 Windows 位图(bmp)或 Windows 增强型图元文件(emf)图形组成的标记符号。Windows 增强型图元文件与栅格格式的 Windows 位图不同,属于矢量格式,因此,其清晰度更高且缩放功能更强。

2. 线符号

线状符号是表示呈线状或带状分布的物体。对于长度依比例线状符号,符号沿着某个方向延伸且长度与地图比例尺发生关系。例如,单线河流、渠道、水涯线、道路、航线等符号。制作线状符号时要特别注意数字化采集的方向,如陡坎符号。

在 ArcMap 10 中,所有做好的线符号均存放在符号库下的线符号文件夹中。ArcMap 的符号样式管理中提供了七种线状符号的制作方法,分别是 3D 简单线符号、3D 纹理线符号、标记线状符号、混列线符号、简单线符号、图片线状符号和制图线符号。

3. 面符号

面符号可用于绘制面要素,如国家或地区、省、土地利用区域等。面填充可通过单种、两种或多种颜色之间平滑的梯度过渡效果,或者线、标记、图片的模式进行绘制。面符号的创建与点符号的创建方式一样,不同之处是创建之前,要选择填充符号样式文件夹。

(二)基于图片制作符号

基于图片的符号制作支持 bmp 和 emf 两种格式的图片文件。在两种图片文件存在的情况下,到样式管理器中创建新的符号库文件,或打开已经存在的符号库,然后分别选择点、线、面的图片符号类型,添加图片为符号,即可完成基于图片进行符号库制作。

(三)基于 TrueType 文件制作符号

ESRI 自带的符号除了以图片格式保存,还有以字体文件格式保存的。可以在第三方字体制作软件中制作好自定义符号,然后以样式管理器导入使用。将自定义好的字体文件另存为 ttf 格式,然后复制到“c:\windows\Fonts”下,即可在 ArcMap 符号编辑器里找到并使用。

另外,综合使用系统自带符号、图片符号以及自定义符号,将制作出更多的特殊符号,具体可参考 ArcGIS 帮助文件,在此不详述。

思考与拓展

1. 比较各种符号化方法的优缺点,分析不同方法分别适用于什么类型的专题表达?
2. 请参考 ArcGIS 帮助,尝试制作一个点符号或线符号,体验符号制作过程。

任务 7-1 作物种植分布图制作

一、任务描述

在专题地图制作中,无论点状、线状还是面状要素,都可以根据要素的属性特征采取单一符号、分类符号、分级符号、分组色彩、比率符号、组合符号和统计符号等多种表示方法实现地图数据的符号化,编制符合需要的各种地图。专题制图的类型很多,本任务仅涉及三种符号化方法,其余可触类旁通。

二、任务目标

熟悉 ArcMap 中地图符号的可视化表达方法;掌握分类符号、分级符号、统计符号等三种符号的设置操作,以及图幅整饰要素的制作;加深对地图可视化表达基本知识的理解,对数字地图制图有更进一步的认识。

三、任务内容及要求

利用 ArcMap 制图工具,使用三种符号制作河南省作物种植分布图。要求如下:

(1)将地图中的铁路图层按不同线路用不同颜色的符号表示。

(2)将市边界图层按单位面积的财政收入进行分级,用分级色彩表示,并将市区名称标注到图上。

(3)将地级市图层按小麦、玉米、稻谷、大豆作物种植面积比例,以饼图统计符号表示。

(4)进行图幅整饰,绘制图例、比例尺和指北针。

四、任务实施

(一)数据准备

路径	名称	格式	说明
项目七\任务 7-1\原始数据\ henan.gdb\	铁路	矢量要素类	henan 要素集中的线要素
项目七\任务 7-1\原始数据\ henan.gdb\	高速公路	矢量要素类	henan 要素集中的线要素
项目七\任务 7-1\原始数据\ henan.gdb\	市边界	矢量要素类	henan 要素集中的面要素
项目七\任务 7-1\原始数据\ henan.gdb\	地级市	矢量要素类	henan 要素集中的点要素

(二)操作步骤

1. 符号设置

(1)设置分类符号。首先,打开“原始数据.mxd”。

——在【内容列表】中右键单击铁路图层,在弹出的快捷菜单中单击【属性】,弹出“图层属性”对话框,在选项卡上选择【符号系统】。

——在“显示”列表框中单击“类别”,展开三个选项,分别是唯一值、唯一值多字段和与样式中符号匹配。其中,唯一值按照一个属性值进行分类;唯一值多字段按照多个属性值的组合进行分类确定符号类型;与样式中的符号匹配按照事先确定的符号类型通过自动匹配表示属性分类,如图 7-1 所示。

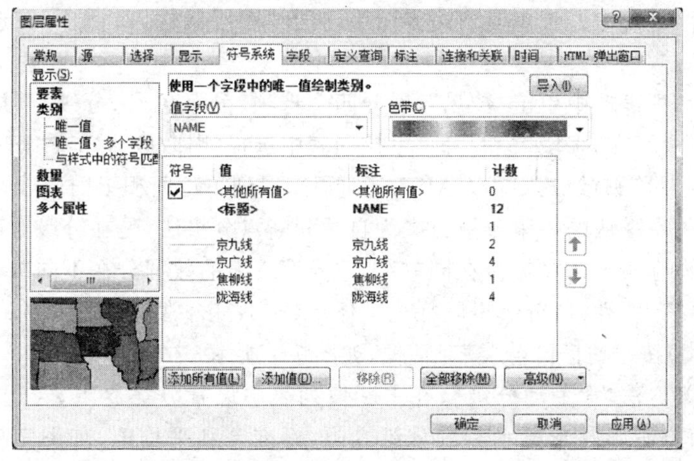

图 7-1　图层属性对话框

——选择“唯一值”，在“值字段”列表中选择“NAME”，即铁路名称，单击【添加值】按钮，弹出“添加值”对话框，列出四条铁路线路：京九线、京广线、焦柳线、陇海线，如图 7-2 所示。

——选中所需要的铁路线路，单击【确定】之后，在符号列表框中列出相应线路及默认符号样式。如果想选择所有线路，只需直接单击【添加所有值】即可将添加所有线路。如果所给的字段值列表并不能完全满足需要，可以在“添加值”对话框中使用“新值”文本框，在其中添加所需要的字段值，单击【添加至列表】即可。

——利用“色带”下拉列表，可选择不同的配色方案。

至此，已经将不同的铁路线路进行了分类，如果对系统默认的符号样式不满意，可以双击“符号”列表中的符号，打开“符号选择器”对话框，如图 7-3 所示。在“符号选择器”对话框中重新设置铁路线的宽度为 2。还可以单击【编辑符号】按钮，改变该符号的其他属性，从而得到一幅满意的铁路网图。

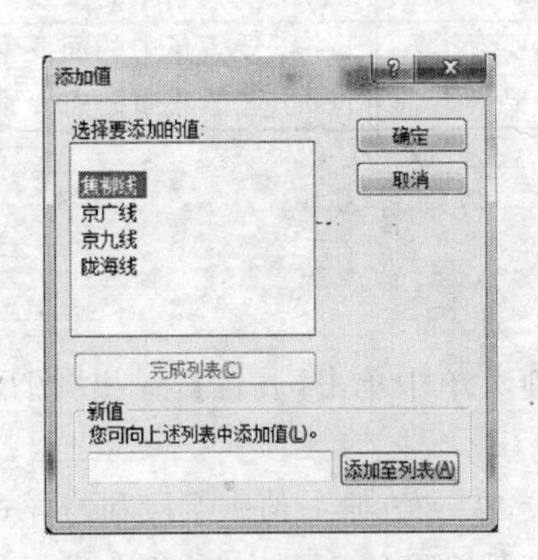

图 7-2 添加值对话框

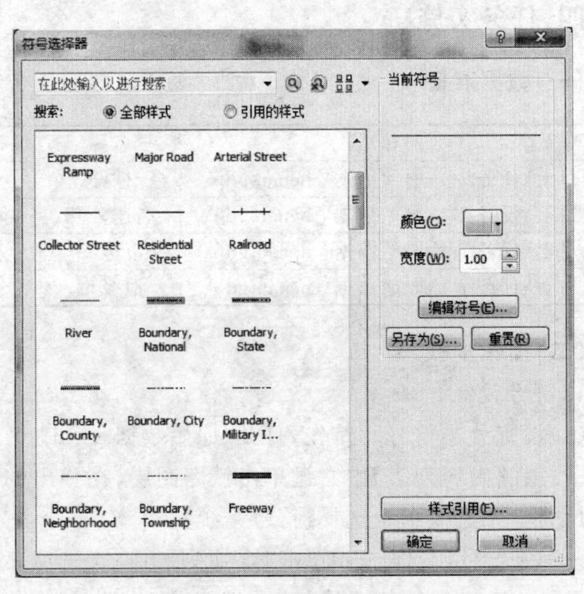

图 7-3 符号选择器对话框

(2)设置分级符号

——在【内容列表】中右键单击市边界图层，打开“图层属性”对话框，在选项卡上选择【符号系统】。

——在“显示”列表框中单击“数量”，展开四个选项：分级色彩、分级符号、比例符号、点密度。选中“分级色彩”，在“字段”栏的“值”下拉列表中选择“财政收入”，在“归一化”下拉列表中选择 AREA，表示是将财政收入除以 AREA(面积)，得到单位面积上财政收入的计算结果。

——在对话框中默认的要素分级方案为自然间断点分级法，是在分级数确定的情况下，通过聚类分析将相似性最大的数据分在同一级，差异性最大的数据分在不同级，这种方法可以较好地保持数据的统计特性，但分级界限往往是任意数，不符合常规制图需要。这里设置分类级数为 5，单击【分类】按钮，打开“分类”对话框，如图 7-4 所示。

——设置分类方法为“手动分级”，在中断值列表中设置分类界限，勾选“显示标注差”和“显示平均值”，直方图中同步显示新的分级界限、标准差和平均值，如图 7-5 所示。单击【确定】，返回“图层属性”对话框。

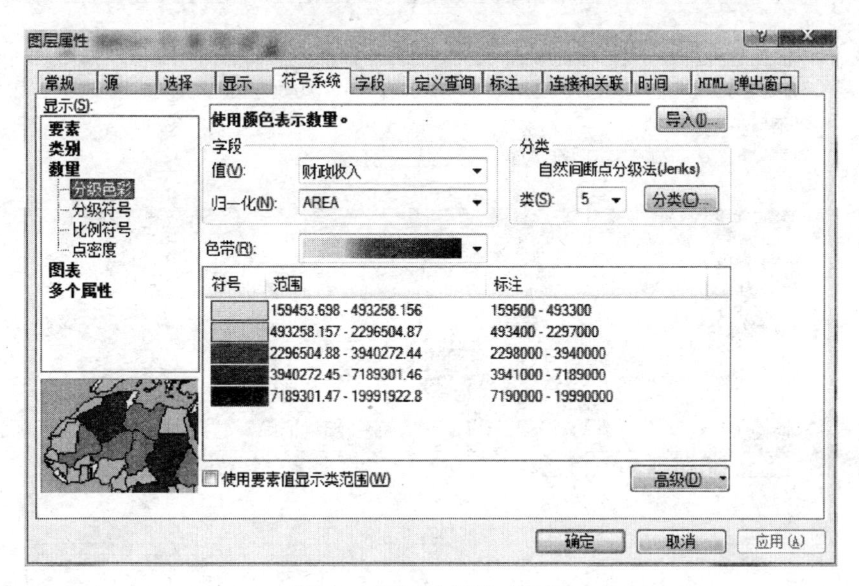

图 7-4　图层的属性对话框

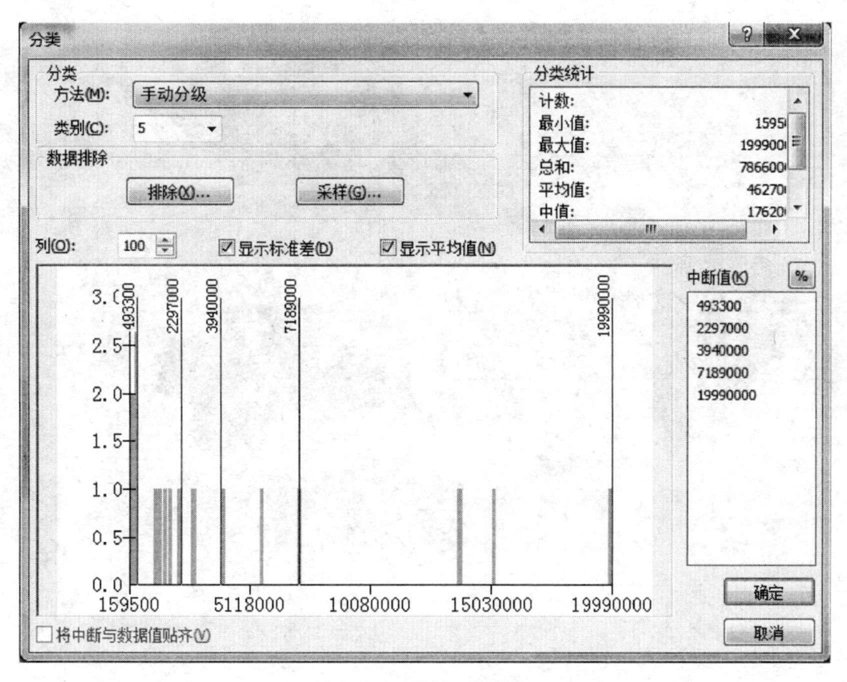

图 7-5　分类对话框

——在"图层属性"对话框中，单击【标注】选项卡，勾选"标注此图层中的要素"，在"方法"栏选择"以相同方式为所有要素加标注"，在"标注字段"下拉列表中选择"NAME99"，在"文本符号"栏设置字号为 10，如图 7-6 所示。单击【确定】，结果如图 7-7 所示。

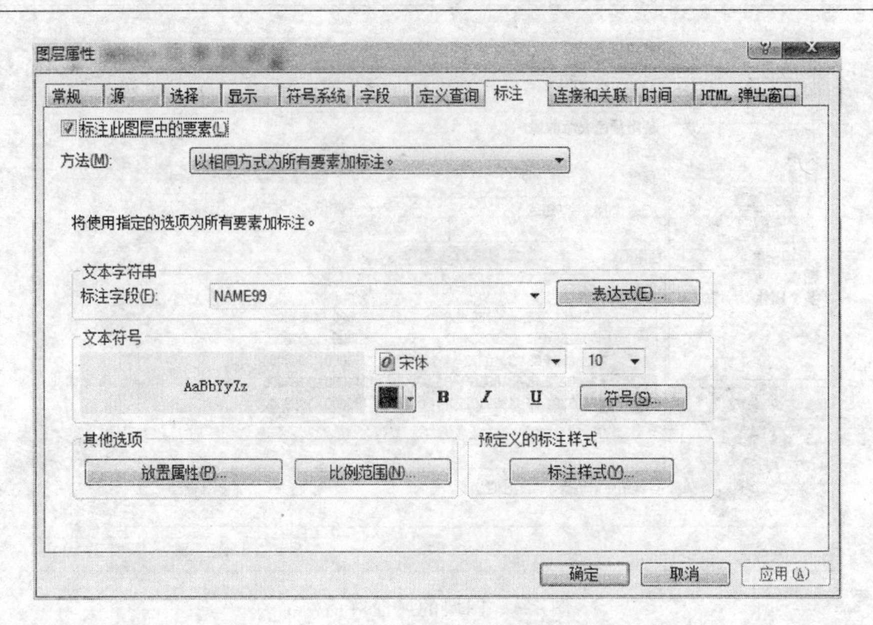

图 7-6　标注修改

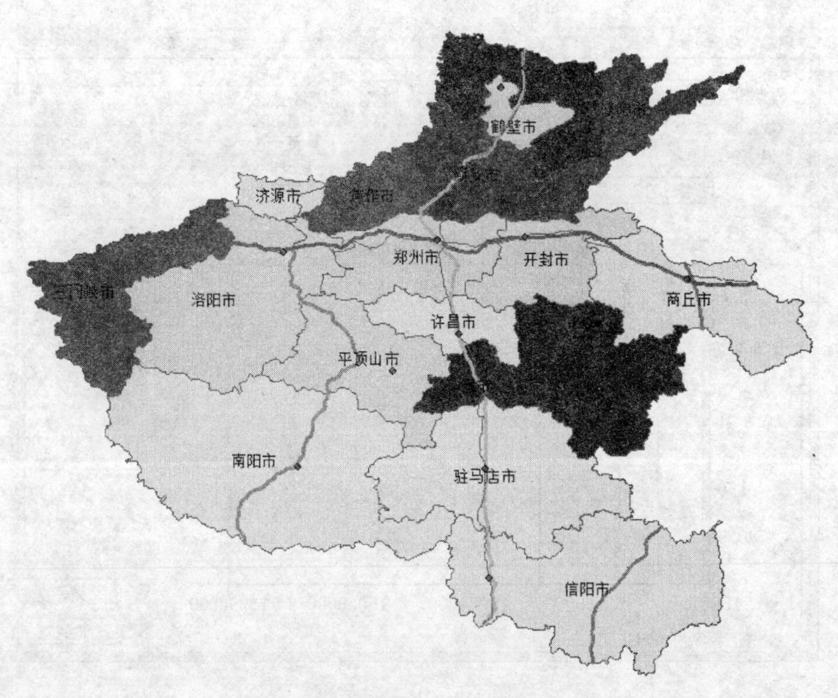

图 7-7　各市单位面积上财政收入

(3)设置统计符号

——在内容列表中选择地级市图层,单击鼠标右键,单击【属性】,打开"图层属性"对话框,在选项卡上选择【符号系统】。

——在"显示"列表框中单击"图表",展开三个选项:饼状、条形图/柱状图、堆叠。如图 7-8 所示。

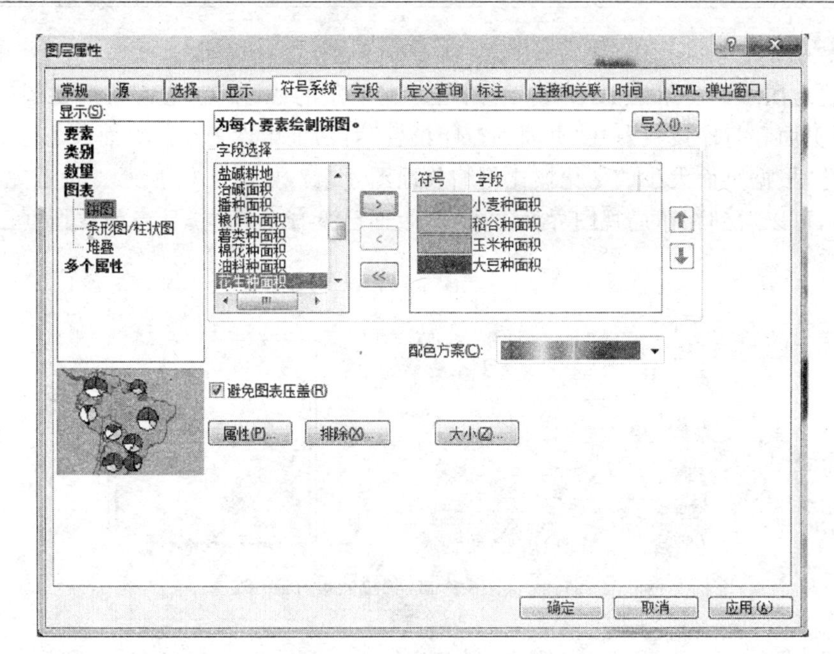

图 7-8　图层属性对话框

——选择“饼图”。在“字段选择”栏中，依次选择小麦种面积、玉米种面积、稻谷种面积、大豆种面积，单击[>]按钮，将相应字段添加到右侧的符号字段列表框中，作为将要进行符号设置的字段。若要从右侧符号字段列表框中移除某一字段，只需在右侧符号字段列表框中选中该字段，单击[<]按钮即可。若要清除所有的符号设置字段，单击[<<]按钮。

——选择配色方案，勾选“避免图表压盖”，单击【确定】，完成符号设置。

得到一幅关于各市作物种植数量比例的分布图，如图 7-9 所示，饼图表示各种作物种植数量比例。

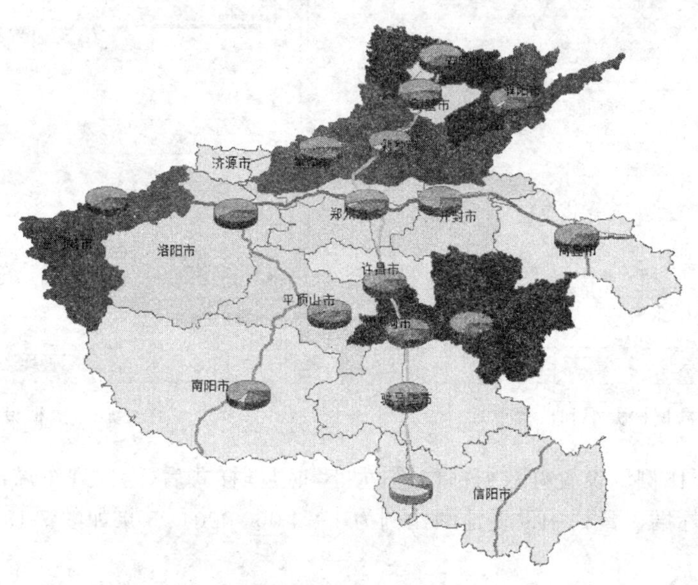

图 7-9　设置效果

2. 图幅整饰

(1)设置地图版面。单击 ArcMap 绘图窗口左下角的按钮,进入布局视图。单击菜单项【文件】/【页面和打印设置】,在“页面和打印设置”对话框中设置地图页面大小为 A4,方向为“横向”,勾选“根据页面大小的变化按比例缩放地图元素”,如图 7-10 所示。设置完成后,单击【确定】按钮,可以看到在布局视图界面下,地图版面已变成为横向,且当前数据框已经添加到地图版面中。

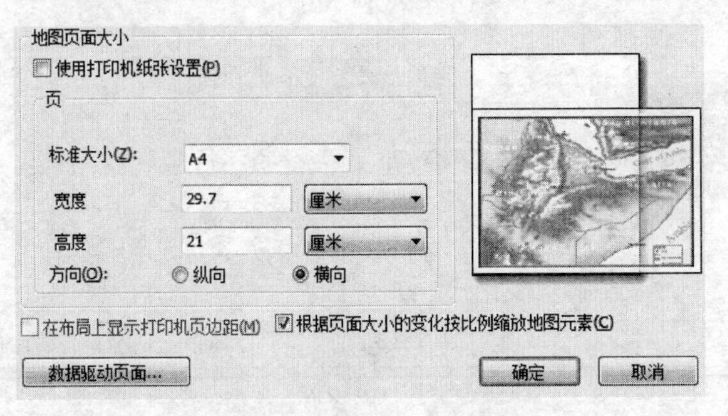

图 7-10 地图页面设置

(2)设置图框。在布局视图下,选择图面数据,单击鼠标右键,依次单击选择【数据框】/【属性】,打开“属性”对话框,单击【大小和位置】选项卡,设置【数据框】在地图版面中的位置或大小。设置数据框距页面边界 1 cm,宽度 27.7 cm,高度 19 cm。如图 7-11 所示。单击【框架】选项卡,设置边框样式,如图 7-12 所示。

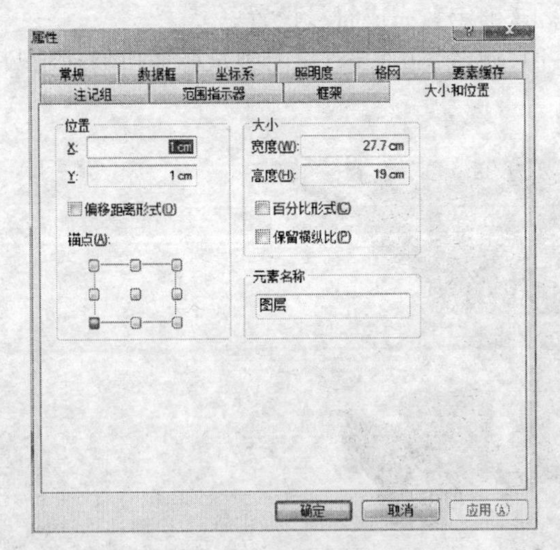

图 7-11 数据框大小和位置设置

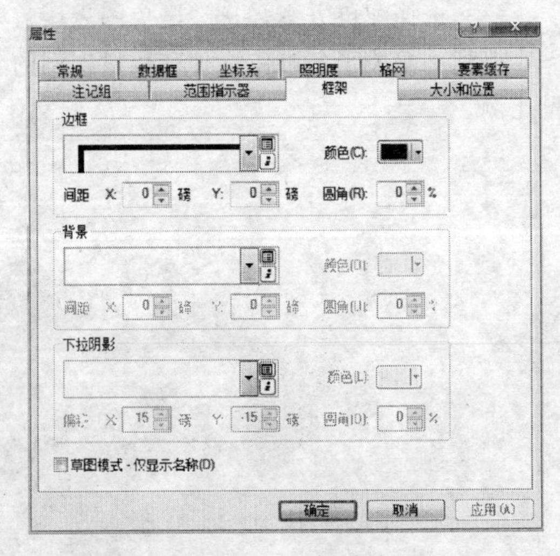

图 7-12 边框设置

(3)调整地图比例。设置好数据框位置、大小和边框样式后,返回到布局视图界面,调整地图显示比例。在标准工具栏中设置地图比例为 1∶4 000 000。效果如图 7-13 所示。

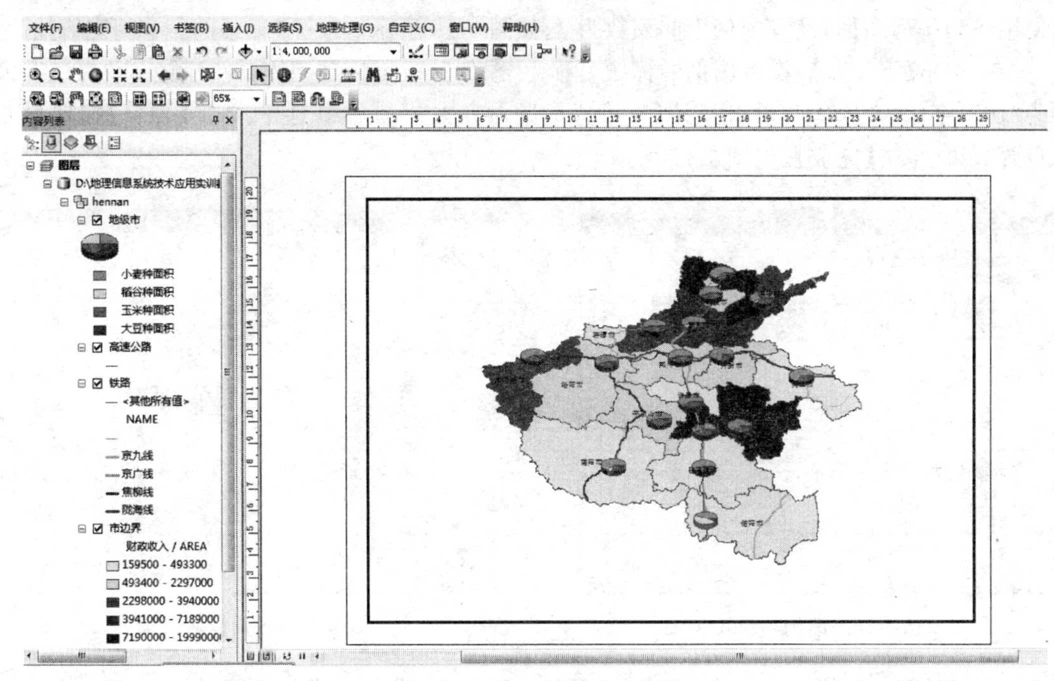

图 7-13　地图版面设置效果

(4)添加图名。单击菜单【插入】/【标题】,在版面视图界面下,选中图名,单击鼠标右键,单击【属性】,弹出“属性”对话框,输入图名“河南省作物种植分布图”。如图 7-14 所示。单击【更改符号】,弹出“符号选择器”对话框,如图 7-15 所示。设置字体为“黑体”,大小为 26,样式为粗体。确定设置方案后,在布局视图下拖曳图名至图幅正上方居中位置。

图 7-14　图名属性设置

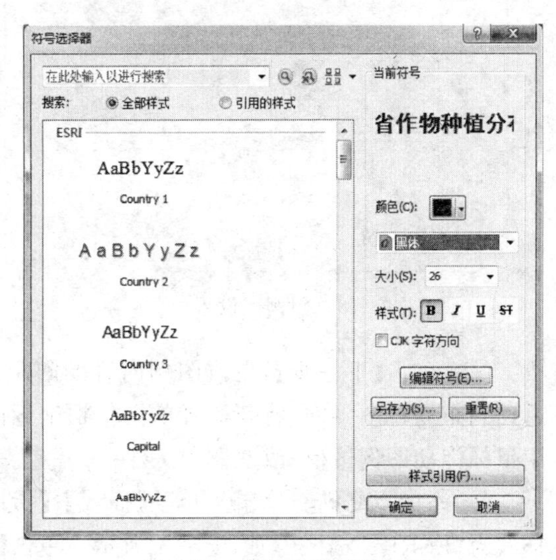

图 7-15　符号选择器对话框

(5)添加图例。

——单击菜单项【插入】/【图例】,弹出“图例向导”对话框,设置图例项,由于要素较多,可以使用三列排列图例，设置图例中的列数为3，如图7-16所示。

——单击【下一步】，设置图例的标题名称为“图例”，设置标题字体属性：颜色为“黑色”，大小为“16”，字体为“宋体”，单击☰按钮，设置标题对齐方式为居中对齐，单击【预览】按钮可查看设置效果，单击【完成】，如图7-17所示。

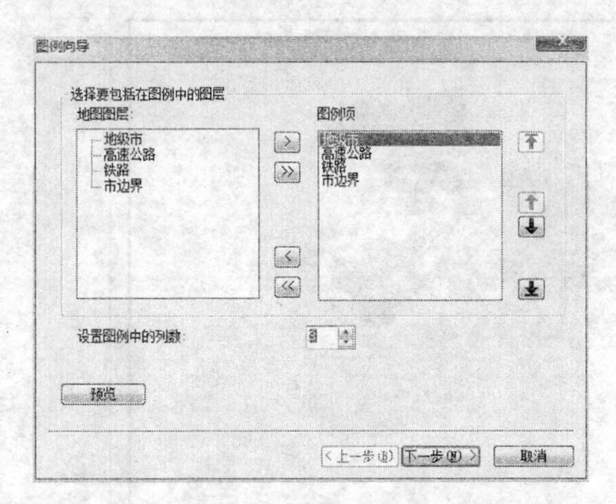

图7-16 图例项设置

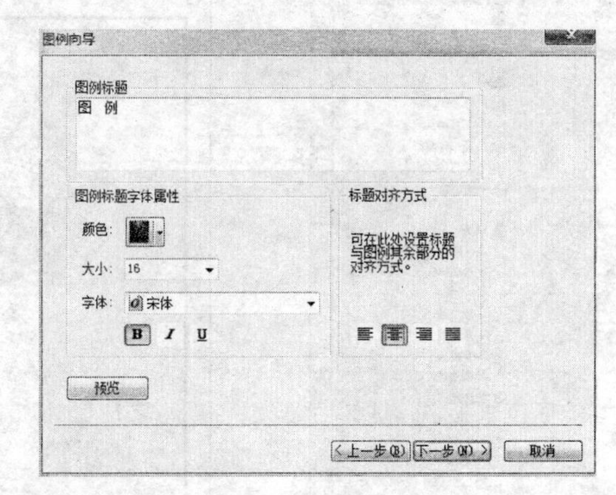

图7-17 图例标题设置

——单击【下一步】，设置图例框架的属性，包括边框、背景和下拉阴影，如图7-18所示。

——单击【下一步】，更改图例符号的大小和形状，这里取默认值，如图7-19所示。

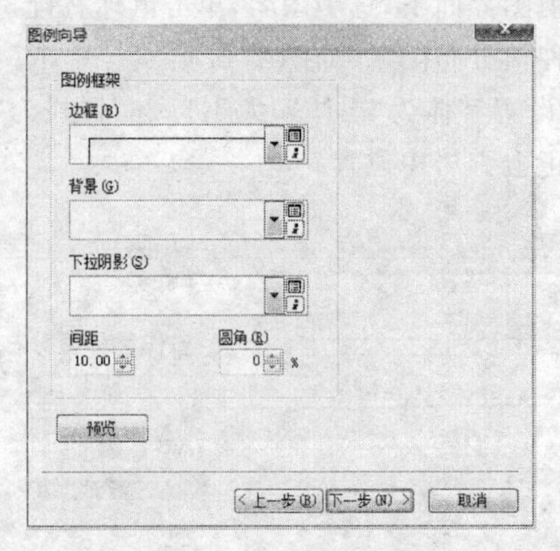

图7-18 图例框设置

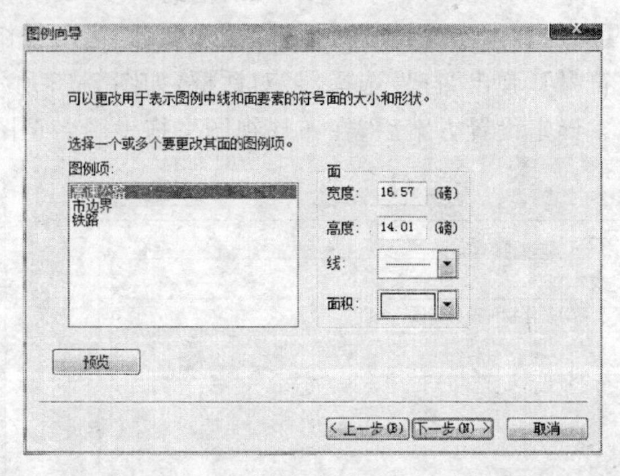

图7-19 图例符号的大小和形状设置

——单击【下一步】，更改图例内容的间距，这里取默认值，如图7-20所示。单击【完成】，返回到布局视图界面，将新添加的图例框拖至图幅左下角，可根据图面布局，选中图例框架，利用鼠标拖动图例边框，改变图例大小。

(6)添加指北针。单击菜单项【插入】/【指北针】，打开“指北针选择器”对话框，选择指北针样式为“ESRI North3”，如图7-21所示。单击【确定】按钮，返回布局视图界面，将新添加到图面上的指北针拖至图幅右上角。选中指北针，利用鼠标拖动指北针边框，可改变指北针大小。

(7)添加比例尺

——单击菜单项【插入】/【比例尺】，打开“比例尺选择器”对话框，选择比例尺样式为“Altemating Scale Bar 1”，如图7-22所示。单击【属性】，设置比例尺的主刻度单位为“千米”。

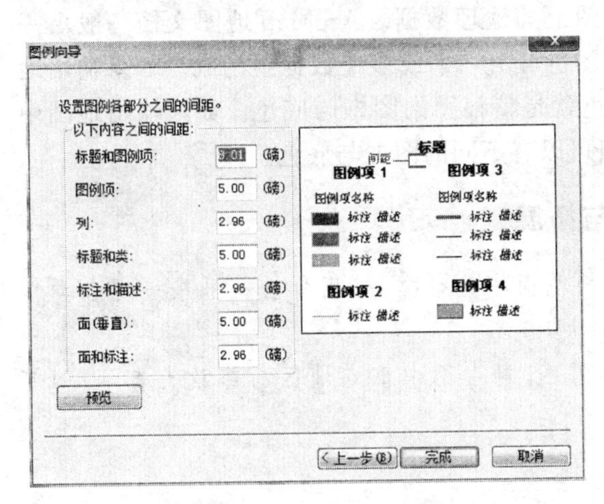

图 7-20　图例内容的间距设置

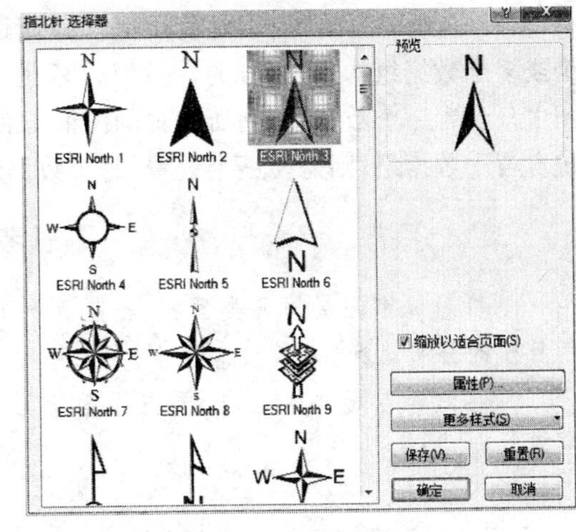

图 7-21　指北针样式设置

——单击【确定】,返回布局视图,将新添加到图面上的比例尺拖至图幅正下方。选中比例尺,利用鼠标拖曳比例尺边框,可改变比例尺样式大小。

至此,完成专题图的制作,效果如图 7-23 所示。

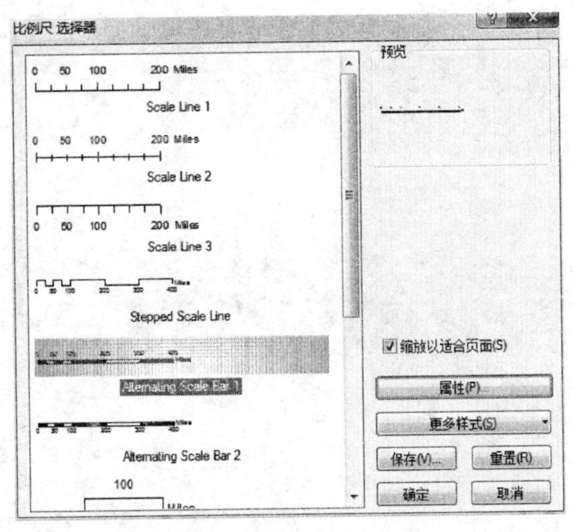

图 7-22　比例尺样式设置

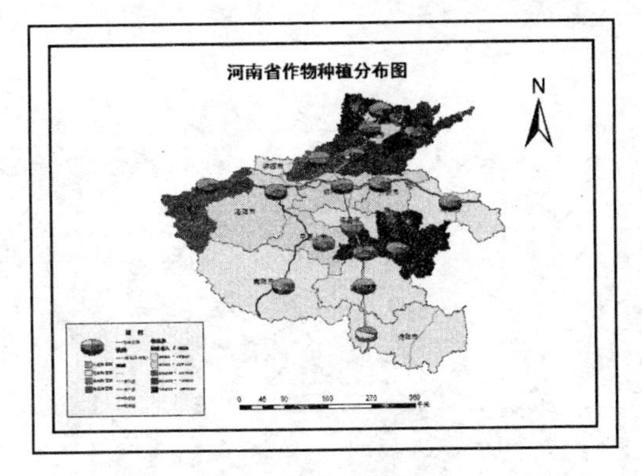

图 7-23　专题图效果

3. 输出地图

制作好的地图可以打印,或导出 emf、jpg、pdf、tif 等多种文件格式。单击菜单【文件】/【导出地图】,选择文件格式为 jpg,输入文件名,在"导出地图"对话框选项中设置分辨率为 300 dpi,生成为一幅 jpg 图片。

五、注意事项

(1) 在打印或出版一幅地图时,需要在布局视图的虚拟页面上工作,规划好地图的大小。如果虚拟页面的大小和方向与地图设计不匹配,可修改页面设置。默认情况下,虚拟页面的大小与系统打印机默认页面大小相同,可将页面设置为标准大小,或为地图自定义一个页面大小。

(2) 在地图版面中,通常使用图框强调地图上的地理数据。ArcMap 地图文档一般由一个或多个数据组构成,相应的,ArcMap 输出地图也可由一个或多个数据组构成。如果输出地图中只包含一个数据组,则所设置的图框与底色就是整幅图的图框与底色。如果输出地图中包含若干数据组,则需要逐个设置,每个数据组可以有不同的图框与底色。

思考与拓展

1. 以地级市图层的薯类面积、花生面积和棉花面积为数据源,用什么符号来表现各类作物种植的分布情况。

2. 在制作专题地图时,若要在图面上增加附图,对主图中重点地区局部放大表示,如何实现?

参考文献

宋小冬. 2013.地理信息系统实习教程[M].3 版.北京:科学出版社.

汤国安,刘学军,闾国年,等.2007.地理信息系统教程[M].北京:高等教育出版社.

汤国安,杨昕.2012. ArcGIS 地理信息系统空间分析实验教程[M].2 版. 北京:科学出版社.

许捍卫,马文波,赵相伟. 2010.地理信息系统教程 [M].北京:国防工业出版社.

张东明. 2013.地理信息系统技术应用[M]. 北京:测绘出版社.

附录　土地利用现状分类标准

土地利用现状分类标准如表附1所示。

表附1　土地利用现状分类

一级类		二级类		含　义
编码	名称	编码	名称	
01	耕地			指种植农作物的土地，包括熟地，新开发、复垦、整理地，休闲地（含轮歇地、轮作地）；以种植农作物（含蔬菜）为主，间有零星果树、桑树或其他树木的土地；平均每年能保证收获一季的已垦滩地和海涂。耕地中包括南方宽度小于1.0 m、北方宽度小于2.0 m固定的沟、渠、路和地坎（埂）；临时种植药材、草皮、花卉、苗木等的耕地，以及其他临时改变用途的耕地
		011	水田	指用于种植水稻、莲藕等水生农作物的耕地。包括实行水生、旱生农作物轮种的耕地
		012	水浇地	指有水源保证和灌溉设施，在一般年景能正常灌溉，种植旱生农作物的耕地。包括种植蔬菜等的非工厂化的大棚用地
		013	旱地	指无灌溉设施，主要靠天然降水种植旱生农作物的耕地，包括没有灌溉设施，仅靠引洪淤灌的耕地
02	园地			指种植以采集果、叶、根、茎、汁等为主的集约经营的多年生木本和草本作物，覆盖度大于50%或每亩株数大于合理株数70%的土地。包括用于育苗的土地
		021	果园	指种植果树的园地
		022	茶园	指种植茶树的园地
		023	其他园地	指种植桑树、橡胶、可可、咖啡、油棕、胡椒、药材等其他多年生作物的园地
03	林地			指生长乔木、竹类、灌木的土地及沿海生长红树林的土地。包括迹地，不包括居民点内部的绿化林木用地，铁路、公路征地范围内的林木，以及河流、沟渠的护堤林
		031	有林地	指树木郁闭度大于等于0.2的乔木林地，包括红树林地和竹林地
		032	灌木林地	指灌木覆盖度大于等于40%的林地
		033	其他林地	包括疏林地（指树木郁闭度大于等于0.1、小于0.2的林地）、未成林地、迹地、苗圃等林地

续表

一级类		二级类		含　义
编码	名称	编码	名称	
04	草地			指生长草本植物为主的土地
		041	天然牧草地	指以天然草本植物为主,用于放牧或割草的草地
		042	人工牧草地	指人工种植牧草的草地
		043	其他草地	指树木郁闭度小于0.1,表层为土质,生长草本植物为主,不用于畜牧业的草地
05	商服用地			指主要用于商业、服务业的土地
		051	批发零售用地	指主要用于商品批发、零售的用地。包括商场、商店、超市、各类批发(零售)市场,加油站等及其附属的小型仓库、车间、工场等的用地
		052	住宿餐饮用地	指主要用于提供住宿、餐饮服务的用地。包括宾馆、酒店、饭店、旅馆、招待所、度假村、餐厅、酒吧等
		053	商务金融用地	指企业、服务业等办公用地,以及经营性的办公场所用地。包括写字楼、商业性办公场所、金融活动场所和企业厂区外独立的办公场所等用地
		054	其他商服用地	指上述用地以外的其他商业、服务业用地。包括洗车场、洗染店、废旧物资回收站、维修网点、照相馆、理发美容店、洗浴场所等用地
06	工矿仓储用地			指主要用于工业生产、物资存放场所的土地
		061	工业用地	指工业生产及直接为工业生产服务的附属设施用地
		062	采矿用地	指采矿、采石、采砂(沙)场,盐田,砖瓦窑等地面生产用地及尾矿堆放地
		063	仓储用地	指用于物资储备、中转的场所用地
07	住宅用地			指主要用于人们生活居住的房基地及其附属设施的土地
		071	城镇住宅用地	指城镇用于生活居住的各类房屋用地及其附属设施用地。包括普通住宅、公寓、别墅等用地
		072	农村宅基地	指农村用于生活居住的宅基地
08	公共管理与公共服务用地			指用于机关团体、新闻出版、科教文卫、风景名胜、公共设施等的土地
		081	机关团体用地	指用于党政机关、社会团体、群众自治组织等的用地
		082	新闻出版用地	指用于广播电台、电视台、电影厂、报社、杂志社、通讯社、出版社等的用地
		083	科教用地	指用于各类教育,独立的科研、勘测、设计、技术推广、科普等的用地
		084	医卫慈善用地	指用于医疗保健、卫生防疫、急救康复、医检药检、福利救助等的用地
		085	文体娱乐用地	指用于各类文化、体育、娱乐及公共广场等的用地

续表

一级类		二级类		含 义
编码	名称	编码	名称	
08	公共管理与公共服务用地	086	公共设施用地	指用于城乡基础设施的用地。包括给排水、供电、供热、供气、邮政、电信、消防、环卫、公用设施维修等用地
		087	公园与绿地	指城镇、村庄内部的公园、动物园、植物园、街心花园和用于休憩及美化环境的绿化用地
		088	风景名胜设施用地	指风景名胜(包括名胜古迹、旅游景点、革命遗址等)景点及管理机构的建筑用地。景区内的其他用地按现状归入相应地类
09	特殊用地			指用于军事设施、涉外、宗教、监教、殡葬等的土地
		091	军事设施用地	指直接用于军事目的的设施用地
		092	使领馆用地	指用于外国政府及国际组织驻华使领馆、办事处等的用地
		093	监教场所用地	指用于监狱、看守所、劳改场、劳教所、戒毒所等的建筑用地
		094	宗教用地	指专门用于宗教活动的庙宇、寺院、道观、教堂等宗教自用地
		095	殡葬用地	指陵园、墓地、殡葬场所用地
10	交通运输用地			指用于运输通行的地面线路、场站等的土地。包括民用机场、港口、码头、地面运输管道和各种道路用地
		101	铁路用地	指用于铁道线路、轻轨、场站的用地。包括设计内的路堤、路堑、道沟、桥梁、林木等用地
		102	公路用地	指用于国道、省道、县道和乡道的用地。包括设计内的路堤、路堑、道沟、桥梁、汽车停靠站、林木及直接为其服务的附属用地
		103	街巷用地	指用于城镇、村庄内部公用道路(含立交桥)及行道树的用地。包括公共停车场,汽车客货运输站点及停车场等用地
		104	农村道路	指公路用地以外的南方宽度大于等于1.0 m、北方宽度大于等于2.0 m的村间、田间道路(含机耕道)
		105	机场用地	指用于民用机场的用地
		106	港口码头用地	指用于人工修建的客运、货运、捕捞及工作船舶停靠的场所及其附属建筑物的用地,不包括常水位以下部分
		107	管道运输用地	指用于运输煤炭、石油、天然气等管道及其相应附属设施的地上部分用地

续表

一级类		二级类		含　义
编码	名称	编码	名称	
11	水域及水利设施用地			指陆地水域，海涂，沟渠、水工建筑物等用地。不包括滞洪区和已垦滩涂中的耕地、园地、林地、居民点、道路等用地
		111	河流水面	指天然形成或人工开挖河流常水位岸线之间的水面，不包括被堤坝拦截后形成的水库水面
		112	湖泊水面	指天然形成的积水区常水位岸线所围成的水面
		113	水库水面	指人工拦截汇集而成的总库容大于等于10万立方米的水库正常蓄水位岸线所围成的水面
		114	坑塘水面	指人工开挖或天然形成的蓄水量小于10万立方米的坑塘常水位岸线所围成的水面
		115	沿海滩涂	指沿海大潮高潮位与低潮位之间的潮浸地带。包括海岛的沿海滩涂。不包括已利用的滩涂
		116	内陆滩涂	指河流、湖泊常水位至洪水位间的滩地；时令湖、河洪水位以下的滩地；水库、坑塘的正常蓄水位与洪水位间的滩地。包括海岛的内陆滩地。不包括已利用的滩地
		117	沟渠	指人工修建，南方宽度大于等于1.0 m、北方宽度大于等于2.0 m，用于引、排、灌的渠道，包括渠槽、渠堤、取土坑、护堤林
		118	水工建筑用地	指人工修建的闸、坝、堤路林、水电厂房、扬水站等常水位岸线以上的建筑物用地
		119	冰川及永久积雪	指表层被冰雪常年覆盖的土地
12	其他土地			指上述地类以外的其他类型的土地
		121	空闲地	指城镇、村庄、工矿内部尚未利用的土地
		122	设施农用地	指直接用于经营性养殖的畜禽舍、工厂化作物栽培或水产养殖的生产设施用地及其相应附属用地，农村宅基地以外的晾晒场等农业设施用地
		123	田坎	主要指耕地中南方宽度大于等于1.0 m、北方宽度大于等于2.0 m的地坎
		124	盐碱地	指表层盐碱聚集，生长天然耐盐植物的土地
		125	沼泽地	指经常积水或渍水，一般生长沼生、湿生植物的土地
		126	沙地	指表层为沙覆盖、基本无植被的土地。不包括滩涂中的沙地
		127	裸地	指表层为土质，基本无植被覆盖的土地；或表层为岩石、石砾，其覆盖面积大于等于70％的土地

开展农村土地调查时，对《土地利用现状分类》中 05、06、07、08、09 一级类和 103、121 二级类按表附 2 进行归并。

表附 2 城镇村及工矿用地

一级		二级		含义
编码	名称	编码	名称	
20	城镇村及工矿用地			指城乡居民点、独立居民点以及居民点以外的工矿、国防、名胜古迹等企事业单位用地，包括其内部交通、绿化用地
		201	城市	指城市居民点，以及与城市连片的和区政府、县级市政府所在地镇级辖区内的商服、住宅、工业、仓储、机关、学校等单位用地
		202	建制镇	指建制镇居民点，以及辖区内的商服、住宅、工业、仓储、学校等企事业单位用地
		203	村庄	指农村居民点，以及所属的商服、住宅、工矿、工业、仓储、学校等用地
		204	采矿用地	指采矿、采石、采砂(沙)场，盐田，砖瓦窑等地面生产用地及尾矿堆放地
		205	风景名胜及特殊用地	指城镇村用地以外用于军事设施、涉外、宗教、监教、殡葬等的土地，以及风景名胜(包括名胜古迹、旅游景点、革命遗址等)景点及管理机构的建筑用地